碾压混凝土拱坝坝肩稳定及坝体分缝影响研究

丁泽霖 著

科学出版社

北京

内 容 简 介

本书系统地介绍碾压混凝土拱坝坝肩稳定问题及坝体分缝形式设计研究成果，针对碾压混凝土拱坝坝肩存在断层、层间剪切带的特点，对拱坝开展地质力学模型及有限元计算，并对碾压混凝土拱坝坝体分缝形式及影响进行探讨。内容包括绪论、地质力学模型试验理论与方法、有限元理论与方法、拱坝坝肩稳定破坏机理试验研究、坝肩稳定加固方案研究、拱坝分缝形式研究。

本书适合高拱坝设计、施工、运行管理人员阅读，并可供大专院校相关专业师生参考。

图书在版编目（CIP）数据

碾压混凝土拱坝坝肩稳定及坝体分缝影响研究/丁泽霖著.—北京：科学出版社，2016.10

ISBN 978-7-03-050207-0

Ⅰ.①碾⋯ Ⅱ.①丁⋯ Ⅲ.①混凝土坝-拱坝-坝肩-结构稳定性-研究 Ⅳ.①TV642.4

中国版本图书馆CIP数据核字（2016）第240800号

责任编辑：耿建业 武 洲 / 责任校对：郭瑞芝
责任印制：张 伟 / 封面设计：铭轩堂

科 学 出 版 社 出版
北京东黄城根北街 16 号
邮政编码：100717
http://www.sciencep.com

北京建宏印刷有限公司 印刷
科学出版社发行 各地新华书店经销
*
2016 年 10 月第 一 版 开本：720×1000 1/16
2018 年 1 月第二次印刷 印张：13
字数：249 000
定价：80.00 元
（如有印装质量问题，我社负责调换）

前　言

　　碾压混凝土拱坝是水利水电工程中的重要坝型，并以其经济、快速的筑坝施工特点广泛应用于工程实践中。随着水电工程的不断发展，大坝建设中面对的坝基地质条件越来越复杂，拱坝的整体稳定问题非常突出，直接影响到工程安全。另外，就坝体本身而言，拱坝主要是依靠坝体的整体性传递和分配荷载的，坝体开裂有损于拱坝的坝体整体性，设置诱导缝是解决这一问题的方法之一，选择合适的坝体分缝形式十分关键。高碾压混凝土拱坝的坝肩稳定性分析以及坝体分缝形式研究是水电工程中的热点和难点。国家"九五"攻关期间就把"高拱坝坝基稳定研究"以及"高碾压混凝土拱坝分缝研究"列为重要的研究课题。

　　立洲碾压混凝土拱坝为世界级高碾压混凝土拱坝，坝址区断层、层间剪切带、长大裂隙、裂隙带等纵横交错，地质条件复杂，拱坝整体稳定性研究十分关键，碾压混凝土拱坝的坝体自身分缝形式研究也非常重要。本书采用地质力学模型试验及有限元分析两种研究途径，分别对拱坝的整体稳定性及坝体的分缝形式进行研究。首先进行地质力学模型超载法试验，研究天然地基下立洲拱坝的稳定安全性，再采用三维非线性有限元，对拟定的坝体四种不同分缝方案进行计算分析，推荐相对较优的分缝形式。通过研究获得以下成果。

　　(1)通过超载法试验研究，获得了天然地基下坝与坝肩的变形特征、破坏过程、破坏形态和破坏机理，揭示了影响整体稳定的主要因素，最终确定立洲拱坝超载安全系数 K=6.3~6.6。通过试验获得了坝体变位、坝肩及抗力体表面变位规律，研究揭示了影响左坝肩稳定的主要结构面是 f5、f4、Lp285、L2、fj2、fj3、fj4，影响右坝肩稳定的主要结构面是 f4、fj3、fj4。建议对影响坝肩稳定的主要结构面及附近岩体进行加固处理，以提高拱坝与坝肩的整体稳定性。

　　(2)通过有限元数值计算，得到天然地基下坝肩主要结构面是影响稳定的薄弱部位，对坝肩软弱结构面采取混凝土置换的加固处理措施。加固处理的结构面包括左岸 f5、L2、Lp285 以及右岸 f4，根据加固范围的不同拟定了两个方案，并分别进行有限元计算。加固后，坝肩的稳定性有明显的改善，坝肩变位值减小，左右半拱位移对称性较好，应力分布也更均匀；坝肩超载破坏区域变小，承载能力加强。数值计算得到两种加固方案的整体稳定安全系数 K 都有所提高，方案一 K=7.0~8.0，比天然地基中提高约 16.67%；方案二 K=6.6~7.6，比天然地基中提高约 10.0%。说明两种加固方案均取得了一定的加固处理效果。

　　(3)采用 ANSYS 有限元分析软件，分析立洲拱坝坝体无缝方案及三个分缝方案中坝体的应力及变位特征。分析表明，在正常运行期，无论坝体设缝或者不设缝以及设缝的类型和缝的组合情况如何，只要缝未开裂，坝体的应力及位移分布规律基本上是相似的，均可以满足设计的要求。通过计算分析，在正常工况下，诱导缝及周边缝的设置对防止坝体过大拉应力导致坝面开裂有利，且对坝体稳定性影响较小。针对诱导缝区域出现的拉应力及变位错动，需做好灌浆后处理，以保证坝体的整体性。经过综合比较各方案的应力水平、变形特性及整体超载安全系数影响程度，本书推荐方案二——设置四条诱导缝，为立洲拱坝坝体分缝方案。

本书部分内容是在作者博士论文和近年来对大坝模型试验及有限元分析等研究成果的基础上凝练而成，相关资料的收集、整理得到了华北水利水电大学、四川大学等单位老师、同仁的大力支持与帮助。另外，部分理论也参考和借鉴了国内外相关论著、论文的观点。作者在此表示感谢。本书的出版得到了水资源高效利用与保障工程河南省协同创新中心以及国家自然科学基金项目(51609087)、河南省高校科技创新团队支持计划(14IRTSTHN028)等项目的资助。

拱坝坝肩稳定及坝体分缝问题涉及多因素影响且相对复杂，目前仍有许多问题有待解决，由于作者水平有限，不足之处恳请专家和读者不吝批评指正。

作　者

2016 年 9 月

目　　录

第1章 绪 论

1.1 研 究 意 义

伴随着我国国民经济的快速发展，尤其是西部大开发战略的深入，水电工程建设将迎来新的发展机遇，一大批大型水电工程相继进入规划、设计和建设阶段，如溪洛渡、小湾、向家坝、锦屏一级/二级、白鹤滩、糯扎渡、两河口、拉西瓦、官地、虎跳峡、观音岩、双江口等，拱坝作为一种承载力强、安全度高、筑坝材料省、运行性能良好的坝型，得到了广泛的应用[1]。相比于重力坝、土石坝等坝型，拱坝具有以下优点：受力条件好，它通过两岸坝肩岩体来维持稳定，而坝体自重的影响较小；坝体工程量小；运行过程中的超载能力强，安全度较高；工程实例证明其抗震性能也比较好。近年来，拱坝逐渐成为国内外工程中所广泛采用的坝型之一。

碾压混凝土拱坝是采用土石坝分层填筑的施工方法进行干硬性混凝土碾压形成拱坝坝体的一种新型坝。伴随着碾压混凝土配合比设计、结构设计和施工技术等不断完善和发展，使得采用碾压混凝土修筑高坝和多坝型具备了一定的条件，并逐渐将碾压混凝土筑坝技术应用于拱坝修筑中。这种更加经济、快速的筑坝施工技术近年来已被人们广泛接受。

拱坝的结构呈一个空间壳体，水平面上呈弧形，坝体两端嵌入坝肩岩体内，竖直面上，由多个垂直或弯曲的悬臂梁组成，运行过程中，当外界水压力推向坝身时，拱坝借助拱的作用将大部分的库水压力传至坝端岩体，剩余的少量荷载通过悬臂梁的作用传递到坝基。因此，对于拱坝而言，坝肩、坝基岩体的稳定直接影响到拱坝的安全与运行。有关统计数据表明，截至1980年，在国外48座出现问题的已建拱坝中，有31座(64.6%)是由于没有很好解决基础的岩体稳定问题，造成失稳而失事[2]。近年来，随着水电开发的不断深入，越来越多的工程选址在一些地质构造复杂的高山峡谷，地质条件复杂，在高坝的设计建设中，确保两岸坝肩岩体和基础岩体的稳定安全就显得尤为突出和重要，必须深入研究拱坝的整体稳定问题。

另一方面，就坝体本身而言，在设计、建设混凝土拱坝时，如何控制混凝土坝的裂缝问题，是结构设计中必须认真考虑的问题。拱坝传递和分配荷载主要依靠坝体的整体性，坝体的裂缝对拱坝的结构整体性很不利，混凝土坝的裂缝往往是受到温度变化及库水荷载作用产生的，若不能有效地控制这些裂缝，将可能对大坝的整体稳定带来非常严重的后果，影响工程安全[3]。碾压混凝土拱坝通常是采用大舱面整体碾压、连续上升的施工工艺，在施工过程中已封拱，碾压混凝土在施工期的水化热温升要影响到最终的拱坝应力分布，对于高坝而言，就可能因为温降产生贯穿性的裂缝，使得拱坝坝体本身的开裂问题更加突出[4]。目前解决这一问题的方法之一是设置诱导缝。因此，选择适合碾压混凝土施工的坝体分缝形式设计，在高碾压混凝土拱坝的设计中，就显得尤为重要。

基于以上拱坝整体稳定和坝体开裂的问题，在我国的"九五"科技攻关中，就把"高拱坝坝基稳定研究"以及"高碾压混凝土拱坝分缝研究"列为重要的研究课题，展开了大量的研究工作。

立洲水电站是木里河干流水电规划"一库六级"的第六个梯级电站，电站挡水建筑物为碾压混凝土双曲拱坝，最大坝高132m，是目前在建的世界第二高碾压混凝土双曲拱坝，坝址区所在位置存在断层、层间剪切带、长大裂隙、裂隙带等不良地质构造，地质条件复杂。碾压混凝土拱坝坝肩坝基的稳定性以及坝体结构的整体性直接关系到大坝自身以及下游城镇居民的安全。因此，为了确保工程的整体稳定安全性和坝体结构的整体性，开展高碾压混凝土拱坝坝肩坝基整体稳定性分析以及坝体分缝研究是非常必要的，可以更准确地把握坝与地基失稳破坏机理，探讨有利于拱坝坝体整体性要求的分缝形式，从而采取更为有效的安全防护对策。

1.2　碾压混凝土筑坝技术的发展概况

碾压混凝土坝是采用土石坝分层填筑的施工方法进行干硬性混凝土碾压形成坝体的一种新型坝，具有材料用量省、进度快、施工方法简单、经济性好的特点，是当前国内外发展很快的一种坝型。

20世纪70年代初，"碾压混凝土"这一概念首先由美国提出。1975年，巴基斯坦在塔贝拉坝结构的加固和保护处理中率先使用了碾压混凝土的施工技术。1981年世界上第一座碾压混凝土重力坝在日本的岛地施工完成。1988年南非修筑了全世界首座碾压混凝土重力拱坝KnellPoort坝，坝高达50m，1990年另一座碾压混凝土重力拱坝Wolwedans坝修筑完成，坝高70m。

20世纪80年代，我国展开碾压混凝土用于工程筑坝的研究工作，1986年修筑完成了我国第一座碾压混凝土重力坝——福建大田坑口坝，"七五"期间又相继建成了铜街子、沙溪口、天生桥二级、岩滩等一批碾压混凝土重力坝，取得了可喜的成果[5]。

　　在"八五"期间，我国积极推进了碾压混凝土拱坝筑坝技术的发展，取得了令世界瞩目的成就，先后建成了贵州普定、河北温泉堡和福建溪柄等各具特色的拱坝，其中，国家科技攻关项目还围绕普定碾压混凝土拱坝展开了"普定碾压混凝土拱筑坝技术研究"，整体成果达到国际领先水平[6]。

　　20 世纪 90 年代，我国通过建成的普定、温泉堡、溪柄等三座碾压混凝土拱坝的实践，全面丰富了碾压混凝土筑坝技术建设经验，极大地拓宽了碾压拱坝的筑坝技术；在试验研究、材料选择、工程设计、施工技术方面取得了世界领先的地位，为我国碾压混凝土拱坝筑坝技术的进一步发展奠定了坚实的基础。

　　"九五"期间，我国碾压混凝土拱坝筑坝高度走上了 100m 级的新台阶，例如，四川沙牌拱坝坝高 132m，新疆塔西河坝高 109m，陕西蔺河口坝高 101m，甘肃龙首坝高 80m，一系列高碾压混凝土拱坝相继开工，不仅在坝体高度上有了明显飞跃，而且在工程布置、体型、材料、施工工艺等技术难度方面也有了质的变化[7]，其中，有的工程还处于施工运行环境恶劣的严寒地区。"九五"期间，"高碾压混凝土重力坝设计方法研究""高碾压混凝土拱坝筑坝技术研究"等一系列国家科技攻关项目诞生了一批有分量的科研成果，快速提升了工程技术人员的专业水平，奠定了坚实的理论和科学基础，加快了碾压混凝土筑坝技术的推广应用。

1.3　国内外高拱坝研究现状

1.3.1　国内外高拱坝的发展趋势

　　与重力坝、土石坝等其他坝型相比，拱坝具有以下特点：①稳定性较好，主要依靠左右岸拱端的反力作用维持坝体的稳定；②超载能力强，安全度高；③坝体轻薄，节省工程量，经济性好；④坝体弹性好，抗震能力强[8]。拱坝由于具有这些其他坝型所不具备的特点，逐渐成为国内外工程界广泛采用的主要坝型之一。

　　拱坝最早于公元几世纪就在罗马等地出现了，而 1854 年在法国普罗斯旺地区修建的佐拉拱坝则是第一座以近代力学为指导设计的[9]。第二次世界大战后，拱坝的建设在数量上和技术上都取得了很大发展，这时期的主要代表有意大利的瓦伊昂拱坝(坝高 262m)以及苏联的英古里拱坝(坝高 272m)[2]。20 世纪 70 年代以后，我国的近代拱坝建设由无到有、由少到多、由低到高，取得了较为辉煌的成就[10]。据有关数据统计，在 70 年代和 80 年代，我国每 10 年建成超过 300 座拱坝，目前我国拱坝建设已达到 300m 级。世界拱坝建设的中心从欧洲转到了中国，形成了拱坝建设的又一个高峰时期。随着科学技术的进步，工程勘察、设计、施工水平的进一步提高，我国高拱坝建设在 21 世纪也迈入了一个新的发展阶段，在建和规划中的现代高拱坝代表有锦屏一级(坝高 305m)、小湾(坝高 294m)、溪洛渡(坝高

278m)、白鹤滩(坝高 300m)等大型工程,这些高拱坝都有各自相当复杂的地质问题,为了保证建造在复杂岩基上的高拱坝工程的稳定和安全问题,必须深入研究拱坝与地基的整体稳定性,通过多种途径得到坝肩的最终破坏过程、形态和破坏机理。

1.3.2　国内外高拱坝的稳定分析方法

据相关统计数据,世界范围内发生安全事故的拱坝总计有 45 座,其中因拱座失稳而产生事故的有 28 座[3],再次证明了只有两岸坝肩岩体满足了稳定性要求才能保证拱坝的安全。因为拱坝坝肩稳定分析的研究对象是天然岩体,其具有多相不连续、各向异性、非均匀、非弹性等力学特性,此外,拱坝是空间高次超静定结构,这些因素导致拱坝坝肩稳定分析较为困难和复杂。

通过多年的实践及研究,目前有多种评价拱坝坝肩稳定的方法为国内外研究人员所采用。从使用的手段上这些方法可以分为理论与数值计算分析法和物理模型试验法两大类,前者包括刚体极限平衡法、有限单元法、可靠度分析法,后者包括脆性材料结构模型试验法、地质力学模型试验法。目前拱坝的稳定分析中使用最广泛的三种方法简单阐述如下。

1)刚体极限平衡法

刚体极限平衡法是半经验性的计算方法,因其具有长期的工程实践经验,采用的抗剪强度指标和安全系数是配套的,与目前勘探试验所得到的原始数据的精度相匹配,方法简便易行,所以国内目前仍沿用它作为判断坝肩岩体稳定的主要手段之一[8]。

刚体极限平衡法有如下基本假定和前提:①将滑移体视为不存在内部相对位移的刚体;②只研究滑移体上力系的平衡而忽略力矩;③视作用在岩体上的力系为某一定值;④当滑裂面上的剪力与滑移趋向二者的方向平行但是指向相反时,滑移体达到极限平衡状态。

采用刚体极限平衡法时可以采取不同的分析方式,常用的有图解法、数值法、赋值法等。这类方法的特点是概念清晰易懂、计算简单,其存在的主要局限是:①没有考虑岩体实际的应力应变关系,导致无法获得滑动面应力应变的空间分布以及伴随着荷载的改变而发生的变化;②为了计算方便进行了较大的人为假定和简化,这种假定直接决定计算精度,不可避免对安全系数会有较大影响;③此方法获得的安全系数为计算的滑动面上的平均安全系数。

2)有限单元法

有限单元法是通过将结构离散成有限个单元,分别计算每个单元的节点位移及节点应力,配合一定的破坏准则来分析判断岩体内部的应力应变状态,相对于其他分析方法，它的主要特点是在处理复杂结构、复杂边界及荷载条件、非线性问题方面能获得较为详尽、准确的结果，但有限单元法计算结果的可靠程度取决于计算模型及其计算参数，而且弹塑性分析还受到取用的破坏准则的限制[11~13]。破坏准则不同，有限元计算结果也不相同。

3) 地质力学模型试验法

地质力学模型试验是根据一定的相似原理将研究对象原型按某一比例缩小进行试验研究的一种方法，通常用来研究各种建筑物及其地基、高边坡及地下洞室等结构在外荷载作用下的变形形态、稳定安全度和破坏机理等[14,15]。模型试验是真实的物理实体，能同时考虑多种因素，模拟多种复杂的地质构造和较复杂的建筑物，根据相似原理的要求，能较为真实和客观地反映实际地质构造和工程结构的空间关系，避开了数学和力学上的困难，将模型加载从弹性阶段发展到塑性阶段或者最终破坏阶段，其试验过程和试验结果能给人以较为直观的概念和感受，因此更容易从整体上掌握地基和工程结构的整体力学特征、变形破坏过程及其机理，从而对工程稳定性做出相应的判断[15~17]。物理模型试验还可以对各种数值分析的结果进行验证和校核，充分发挥各种科学手段的优越性，并在相互比较中找出两种方法各自的优势和缺陷，使得科学研究不断改进和朝前发展[18,19]。对大中型工程采用模型试验和数值分析相结合的方式可以从不同角度进行全面分析，从而相互验证，互为补充，以此全面分析论证重大工程技术问题。当前国内外许多重大工程基础稳定的研究中，模型试验和数值分析相结合的方法已成为主导，并为工程实际提供可靠的依据[20~22]。

除了上述几种主要方法，研究大坝稳定的理论和方法还有损伤和断裂力学理论、三维断裂边界元理论、最小应变能密度因子理论、柔度理论、块体理论法、隆德法、边界元法、刚体弹簧元法、不连续变形分析法等[23~25]。

1.3.3 高拱坝整体稳定分析及加固实例

历史上著名的瓦依昂拱坝和马尔巴塞拱坝的失事，给世界各国的水电建设特别是拱坝建设敲响了警钟。在后来的拱坝建设中，坝肩的稳定分析越来越受到人们的重视。国内外很多大工程都在坝肩稳定分析方面进行了大量的研究工作，为后来的拱坝工程建设积累了极为宝贵和重要的经验。

1. 瓦依昂拱坝

瓦依昂拱坝位于意大利瓦依昂河下游河段狭窄且深的峡谷之中，坝高261.6m，坝顶轴线长 192.15m。坝址属于中侏罗纪石灰岩层，并由下游向上游微倾[26]。左右岸坝肩岩体内夹有薄层泥灰岩、夹泥岩，伴随有较发育的断层和岩溶，并且节理裂隙非常发育。瓦依昂拱坝的稳定性受到国内外工程界广泛关注。

瓦依昂拱坝工程采用了地质力学模型试验研究坝肩稳定性，模型几何相似常数 C_l=85，应力相似常数 C_σ=85，相对比尺 ρ=1，模型材料为硫酸钡石膏以及多种不同类型的胶体[26,27]，模拟了大坝、坝肩坝基岩体和三组主要节理裂隙及一些顺河断层等较大的软弱结构面，采用液体模拟施加外荷载进行模型试验。工程中根据模型试验的结果对坝肩薄弱环节和部位做了固结灌浆和锚索的加固处理措施，大坝在举世震惊的托克山灾害性滑坡破坏事件中，承受住了超过正常设计荷载 2～3 倍的考验，事实说明由模型试验确定的坝肩加固处理措施是恰当且有效的。

2. 川俣坝

川俣坝位于日本利根川支流鬼怒川上游栖木县，大坝为不等厚变半径薄拱坝，坝高 117m，最大厚度 15.5m，坝顶长 137m，坝址基岩为石英粗面质熔结凝灰岩，具有高度抗侵蚀能力，但断层、层状裂隙及节理相当发育[26~28]。鉴于该工程的特殊地质条件，坝肩稳定和基础处理工作得到了设计和施工单位的高度重视，分别采用了物理模型试验和数值分析来研究坝肩的稳定性。

通过三维数值计算成果显示：坝肩岩体至拱端距离的远近决定其安全系数的大小，距离越近则安全系数越小。较低高程拱座附近部位的坝肩岩体抗滑稳定系数较小，达不到安全系数 K>4 的设计标准，所以需要采取一定的加固处理措施，使得安全系数 K 满足在断层抗剪强度等于零的情况下大于 4 的设计要求。川俣坝二维模型试验几何比尺 C_L=100，模型厚度为 10cm，以石膏和硅藻土按某一计算配比调制成的混合物为模型材料，其 C_ε=1，试验中模拟了工程实际地质情况和传力墩。模型试验针对几种不同的传力墩宽度展开，通过对试验结果进行多方面的比较，最后选择确定了传力墩宽度为 3.5m 的方案为最优推荐方案。工程上据此确定了最终加固处理方案并实施，目前川俣坝已正常运行超过 20 年，这说明对坝肩稳定分析的结论对拱坝的正常运行起到了很大作用。

3. 英古里坝

英古里水电站位于苏联格鲁吉亚西部，坝高 271.5m，坝顶长 758m，宽 10m，坝底宽 58m，外形近似为抛物线形状，电站总静水头 409.5m，其中 226m 由拱坝形成，其余 183.5m 由引水隧洞形成，总装机容量 130×10^{4}kW[26,29]。

拱坝坝址区河谷不对称，基岩岩层倾向下游，主要包括巴列姆石灰岩、白云岩，坝址区断层多，受发育断层的影响，基岩平行于层面的构造裂隙非常发育。土体试验结果表明，右岸上部基岩的变模较低，而且力学强度在遇水时明显下降。

经过大量的地质研究工作最终确定了岩体计算力学指标，并采用极限平衡法对坝肩稳定进行计算分析，同时假定拱坝基础为弹塑性材料，并采用有限元法进行应力计算。计算结果表明，英古里拱坝在基础加固处理以后安全系数 $K=1.8$，达到了设计要求。

4. 小湾拱坝[14,30]

小湾水电站为澜沧江干流上第二个梯级电站，电站总装机 4200MW。拦河大坝为混凝土抛物线变厚度双曲拱坝，最大坝高 294.5 m，为世界同类型坝中最高之一。枢纽处河谷总体呈 V 形，坝址岩体以黑云花岗片麻岩、角闪斜长片麻岩为主。小湾拱坝坝基坝肩的地质构造非常复杂，主要体现在：①坝基坝肩岩体的非均匀性非常突出，各类岩体的变形模量差异大；②枢纽区断裂构造较发育，主要构造形迹为不同规模的断层、挤压带、节理(组)、蚀变带；③枢纽区属 V 级构造结构面的节理非常发育；④坝基坝肩开挖后出现浅层卸荷松弛现象。以上这些复杂的地质构造对拱坝坝肩稳定有着非常重要的影响，同时也是影响拱坝工程安全的关键因素。昆明勘测设计院经过多方探讨和研究，拟定对小湾拱坝采取两坝肩中上部高程部位断层和蚀变带采用混凝土洞塞置换，坝体下游贴角的加固措施，并在此基础上采用地质力学模型试验进行了超载与降强相结合的综合法试验来研究拱坝与地基的整体稳定，试验中对主要断层 F11、F10、F5、f12、f19、F20 进行降强，最终得到小湾拱坝与地基整体稳定综合法试验安全系数 $K_c=K_1K_p=1.2\times(3.3\sim3.5)=3.96\sim4.20$，拱坝满足整体稳定要求，并且经过加固处理的坝肩中上部位变位相对较小，破坏形态和破坏范围相对较轻。

从以上国内外工程实例中可以看出，在复杂的建坝地质条件下，对坝肩的稳定分析是非常必要并需要引起高度重视的。通过对坝肩的稳定分析研究进而选择较为科学合理的加固处理方案，能够显著提高工程的安全性和降低工程的造价。地质力学模型试验因能够提供直观的试验结论，揭示工程的薄弱环节和部位，从而能为工程采取合理的加固处理措施提供较为有力的依据，因而在国内外被广泛应用于大中型拱坝工程的整体稳定分析和研究中。

1.4　国内外拱坝诱导缝的研究现状及工程实例

碾压混凝土拱坝与碾压混凝土重力坝最大的不同之处在于受力过程对坝体的整体性要求：重力坝主要依靠自身重量保持稳定，一般坝体开裂只是引起渗漏导致扬压力增大或损坏混凝土，而基本不涉及坝体结构整体性问题，而拱坝则是依靠坝体整体来传力和分配力，坝与坝肩是一个承载整体，而坝体开裂会导致坝体的结构整体性受影响，目前国内外常采用坝体设诱导缝的方法来解决坝体开裂的问题，尤其是对于碾压混凝土拱坝而言，选择适合的坝体分缝设计尤为关键。

诱导缝是预先人为的在混凝土表面设置一个易开裂的部位，这个部位既是混凝土收缩徐变所产生的结构内部应力释放过程，同时也是运营荷载施加后容易破坏的位置。诱导缝只是部分削弱坝体的横截面，而坝体的抗拉强度仍保留了一部分，并非完全断开，在工程实际运行中，如果诱导缝没有断开，则能继续传递部分应力，从而使得坝体的应力分布可以几乎不受缝的影响，实现了坝身的整体性。为了及时修补裂缝，在诱导缝部位一般要设置止水和灌浆管，适时灌浆以保证在工程的运行期内坝体的完整性[31]。

南非的克尼尔普特和沃尔威丹碾压混凝土重力拱坝在坝体中布置了诱导缝：沿外拱圈约 10m 间距在上、下游面布置"诱导缝"，通过导向缝诱导形成碾压混凝土中不连续的缝面，引导温度裂缝沿坝体横截面开裂，缝中设止水片。其中，克尼尔普特坝采用孔隙状诱导缝，由塑料板隔断混凝土形成；沃尔威丹坝的诱导缝采用带薄板的切缝形成导向缝，然后对大坝进行分层压力灌浆，封堵这些不连续的裂缝，使其结合成整体。通过建成后的监测数据表明，部分诱导缝开裂并形成渗漏，运行过程中对诱导缝进行了灌浆。

普定拱坝是一座碾压混凝土双曲非对称拱坝，坝高为75m，坝体厚高比0.376，上游下部采用1/10倒悬，坝体不设纵缝，横向设置三条诱导缝，按双向间隔的形式布置诱导板，并埋设直径为25mm 的灌浆管形成灌浆系统。施工时，先完成碾压，然后在设缝处人工挖槽依模回填成缝，并分区布设灌浆系统。拱坝的运行表明：大坝质量良好，运行正常[3]。

河北温泉堡碾压混凝土拱坝，是我国在北方严寒地区建成的第一座中等厚度的全断面碾压混凝土拱坝，坝高48.0m，坝体为对称单曲拱形结构，厚高比为0.288。拱坝共设 5 条横缝，其中，两条常规横缝，两条诱导缝，以及常规横缝与诱导缝结合在拱冠处形成混合缝，坝段长 30～34.387m。坝体的横缝及混合缝在施工期按设计预想张开，并实现了拼缝灌浆，保证了结构的整体性，使坝体应力在设计规定范围内。目前，这座坝已经运行多年。

福建溪柄坝是一座同心圆等半径碾压混凝土拱形，坝高 63.0m，坝长 93m，底宽 12m，厚高比为 0.190，是当时世界上最薄的碾压混凝土拱坝。拱坝只是在临坝肩区的坝体上游面设置了周边应力释放短缝，这种结构形式显著地改善了坝体的应力状况且施工便捷。该坝建成不久，即经历了设计洪水的检验。成功实现了采用碾压混凝土技术修筑薄拱坝。

在四川"5.12"大地震中经受住考验的四川沙牌碾压混凝土拱坝，坝高 132.0m，拱坝采用两条诱导缝和两条横缝相结合的方案。诱导缝结构采用预制混凝土重力式模板组装而成，在缝面上呈双向间断，缝长与间距不等布置，即沿水平径向缝长 1.0m、间距 0.5m，沿高度方向缝长 0.3m、间距 0.6m，即 2 个碾压层设一层间断的诱导缝，施工时先将重力式成缝模板安装定位，然后再进行碾压作业，采用这种施工方法，造缝的工作量相对集中，能够实现全断面的碾压施工[3]。

针对高碾压混凝土拱坝结构分缝设计的难点和工程需要，"九五"期间国家科技攻关项目紧密结合 132m 高的沙牌碾压混凝土拱坝，在"八五"攻关的基础上，以诱导缝、横缝(或诱导横缝)及其组合方案为重点，大量地借鉴了国内外相关工程的结构缝设计经验，开展了深入的科学研究，获得了大量的成果。

清华大学曾昭扬应用断裂力学理论中钝裂缝带模型编制了 CFCP 程序，用于诱导缝开裂的数值分析当中，该方法基于诱导缝等效强度理论，采用三角形的常应变单元，在诱导缝所在的单元改换材料参数，其数值分析的结果说明了诱导缝对于坝体横截面强度的削弱程度以及诱导缝的设置对整个坝体应力水平的影响。该程序被应用于沙牌拱坝的分析当中，其诱导缝所在横截面削弱度 $a=20\%$，诱导缝所在单元在垂直缝面方向上的抗拉强度折减 40%，其他方向强度则保持不变，该单元的单元刚度折减 20%，诱导缝所在单元的热学参数保持不变，通过这样处理后的计算结果能够不受划分单元大小的影响[32]。

大连理工大学的赵国藩和宋玉普共同负责了"沙牌碾压混凝土拱坝应力应变全过程仿真分析"项目，研发了能考虑混凝土开裂损伤的三维有限元仿真分析程序，模拟拱坝从开始施工到蓄水至设计水位，直至超载开裂破坏的全过程，并对诱导缝在施工期和运行期的开裂状况进行了分析[33]。

河海大学朱岳明等借助 ANSYS 有限元计算软件，研究了碾压混凝土拱坝中诱导缝的工作机理，根据断裂力学从局部研究了诱导缝的布设和模拟，对坝体混凝土的温度场和温度应力场开展了三维有限元仿真分析[34]。

四川大学水电学院的张林和何江达共同负责了国家"九五"攻关项目"碾压混凝土拱坝开裂和破坏机制的研究"，针对碾压混凝土拱坝断裂特性进行了材料试验研究，将材料试验成果应用于模型试验中，基于沙牌拱坝设计的多个结构分缝方案，采用物理模型试验的方法，运用断裂力学的理论，研究含诱导碾压混凝土拱坝开裂和破坏机制，并探索光纤传感检测技术应用于模型试验中裂缝的监测[35,36]；同时采用 ANSYS 分析软件，对坝体及坝肩这一整体进行了分析，获得了拱坝结构真实应力场，分别对不同分缝方式下坝体与结构缝面展开了 2 种破坏模式校核——开裂破坏和剪切屈服破坏，并运用钝裂缝带模型和子结构技术，分析了拱坝及诱导缝的开裂过程[37]。

西安理工大学的杨双超等提出了含有诱导缝的碾压混凝土拱坝如何进行温度应力场仿真分析的方法，其中针对诱导缝，采用"三维有限元浮动网格法"拱坝温度应力场的仿真计算程序，通过这一计算程序，能够保证计算精度，又减小了含诱导缝的坝体进行温度应力分析时的工作量[38]。

1.5 本书研究思路及主要内容

本书以立洲拱坝坝肩坝基的稳定性以及坝体自身的整体性为研究对象，首先总结了国内外拱坝整体稳定分析的方法，以及拱坝坝体分缝的工程实例和研究现状，然后重点结合立洲碾压混凝土拱坝，参考"八五""九五"国家重点科技攻关项目的研究成果，采用地质力学模型试验及有限元分析两种研究途径，对坝肩坝基的整体稳定性以及坝体的分缝形式进行研究。本书针对立洲拱坝的特点及实际工程问题，采用三维地质力学模型试验与有限元计算相结合的方法，研究立洲拱坝的坝体及坝肩整体稳定性，并根据天然地基下坝肩破坏形态提出了两个加固处理方案，分析了各自的加固处理效果，从而为工程上制定较为合理的加固措施提供参考和依据，并通过三维非线性有限元方法分析坝体不同分缝形式下的应力与变形分布特性，以及超载过程中坝体及坝肩的工作特性，从而探讨坝体不同分缝方案的优缺点，研究有利于坝体整体性的分缝形式。

根据上述研究思路，本书的主要研究内容如下。

(1)通过分析立洲拱坝三维地质力学模型进行超载法试验获得的成果，得到坝体的变位和应变特性、坝肩的表面变位和结构面的相对变位分布特征、坝肩的最终破坏形态和破坏过程，从而评价工程的整体稳定安全度，并揭示工程的薄弱环节。

(2)采用有限元软件建立立洲拱坝三维数值模型，对天然地基条件下拱坝进行超载法计算，分析坝体变形与应变特征、坝肩和断层的变位分布特征、坝肩的破坏形态和过程，得到整体稳定超载安全系数，评价其安全度，并将计算成果与模型试验成果进行对比分析，相互验证。

(3)根据模型试验和数值计算得出的工程薄弱部位，拟定两个加固方案，并进行超载法数值计算，分析两种加固方案下坝体变形与应变特征、坝肩和断层的变位分布特征、坝肩的破坏形态和过程，分别得到两种方案下整体稳定超载安全系数，评价各自的安全度。

(4)对比分析加固地基与天然地基中的坝体变形与应变特征、坝肩和断层的变位分布特征、坝肩的破坏形态和过程、整体稳定安全系数，评价两种加固方案各自的加固效果。

(5)对比分析加固方案一、方案二中的坝体变形与应变特征、坝肩和断层的变位分布特征、坝肩的破坏形态和过程、整体稳定安全系数，并选择相对较优加固处理方案作为本工程的建议加固方案。

(6) 分析立洲拱坝不同分缝形式对坝体整体性的影响，综合考虑四个方案，即四条诱导缝方案、三条诱导缝方案、两条诱导缝加周边缝方案以及无缝方案，重点分析在正常工况下各个方案坝体的应力及变位特性，并采用超载法至模型超载破坏，分析四个方案下拱坝的超载工作特性，从而推荐相对较优的分缝形式。

(7) 综合分析立洲拱坝地质力学模型试验及有限元分析的成果，实现对拱坝坝肩坝基的稳定性及坝体的整体性的探讨与研究，从而为工程建设提供参考。

第2章 地质力学模型试验理论与方法

2.1 地质力学模型试验的发展简况

传统的静力学模型试验，主要是通过试验解决弹性范围内的应力、应变问题，其本质是属于线弹性阶段结构模型试验的研究范畴；现在所提到的地质力学模型试验主要是一类研究弹塑性阶段的结构模型破坏试验，用于研究地基及上部结构互相影响、相互作用的情况下结构及地基的破坏机理，作为研究地质构造条件对工程影响的一种手段，可以称其为地质力学模型试验或岩石力学模型试验[39]。

20世纪60年代末，意大利的贝加莫结构模型试验研究所（Experimental Institute for Models and Structures，ISMES）进行了多项地质力学模型试验，并取得成功，这些试验主要是研究弹塑性和破坏问题[40]。20世纪七八十年代开始，美国、德国、南斯拉夫、瑞典、瑞士、苏联、日本和意大利等多个国家广泛地开展大坝的模型试验工作，使得地质力学模型试验技术有了深入的发展。伴随着这些国家建坝高峰期的到来，地质力学模型试验被广泛应用到研究坝体与坝基的联合作用、重力坝的抗滑稳定、拱坝的坝肩坝基稳定、地下洞室围岩的稳定等问题当中。

在我国，20世纪70年代中后期，一些科研单位就开展了地质力学模型试验研究，早期的如清华大学水利系，随后，武汉水利电力学院、黄河水利科学研究院、华东水利学院、四川大学水工结构研究室、长江水利水电科学研究院、西安理工大学、成都理工大学等单位都先后开展了这方面的研究工作，使得这方面的研究工作得到不断深入，扩大了结构模型试验研究的领域，广泛应用到水利水电、公路铁路、边坡、地下洞室的研究当中[41]。现阶段，在水利水电工程的开发中，常常会遇到地质条件的基础围岩情况，建筑物的抗滑稳定性、基础与结构的变形及该体系的整体稳定性、边坡及围岩的稳定性等问题，成为了地质力学模型试验所需要研究的内容[42]。近年来，由于计算机技术的快速提升以及计算力学的大力发展，目前，地质力学模型试验的重点逐渐转向了解决一些重大、复杂的问题，承担起了更为艰巨的任务。

2.2　地质力学模型试验的分类

目前，国内外的地质力学模型试验有不同的类型，本节按照不同的形式来列举[43,44]。

2.2.1　根据作用荷载的特性分类[39,40]

1. 静力模型试验

静力模型试验是指研究建筑物在静荷载(如静水压力、自重和温度等)作用下的应力、变形及稳定问题，包括整体及平面模型试验。在静力模型试验中，根据所依据的力学假定不同，又可以分成两类：一类是线弹性结构模型试验，以弹性力学基本假定为前提，采用的模型材料主要考虑线弹性范围的影响；另一类是常规的地质力学模型，建立在弹塑性力学的基本假定上，采用高容重、低变模、低强度的模型材料，用以模拟复杂地基，包括自重及断层、软弱夹层等地质构造。这类模型主要用于研究工程的基础岩体及其上部结构在承受荷载后的变形、失稳过程和破坏机理，以及岩基变形对其上部建筑物的影响等问题。

2. 动力结构模型试验

这类模型可以模拟动力作用下的工程，如地震作用对工程的影响。动力结构模型试验需要满足两方面的相似：静力条件下的相似与运动条件下的相似。这类试验常以抗震模型试验为主，研究建筑物在不同地震烈度影响下，空库或满库时的自振特性(包括频率、振型和阻尼等)、地震荷载、地震应力及抗震稳定性等。

2.2.2　根据空间模拟范围分类[41]

1. 二维模型试验

这类试验可以从其研究对象中取出单位长度或高程，重点研究所需区域在平面力系作用下的强度或稳定问题，二维试验更具针对性，且耗时短，便于大型试验前的分析，同时也能更直观地看到平面高程的破坏过程。

2. 三维模型试验

三维模型试验的研究对象是结构及其基础整体，可以研究在空间力系作用下的强度问题或整体稳定问题。通过三维模型试验，可以得到结构、基础及主要结构面的应变和变形情况以及整体的破坏形态和破坏过程，找出薄弱部位及整体安全度等。

2.2.3　根据制作方式分类

1. 现浇式模型

预先制作试验模型槽，根据模型模拟的地质构造及结构面划分成多个浇筑区，分期直接浇筑成型。类似于分层浇筑，每浇筑一区后需要保证材料养护一段时间后，再浇筑其上一层。这种模型的优点是可以保证层层接触紧密，缺点是制作周期长。

2. 预制块体砌筑模型

目前国内地质力学模型试验多采用这类制作方式。首先利用模具将模型材料压制及加工成需要的形状的块体，再按照结构及基础的地质平切图砌筑成模型。这种模型制作周期相对较短，但由于模型所需的块体数量巨大，工程量较大。

2.3　相　似　理　论[39]

2.3.1　相似条件

不同的物理体系有着不同的变化过程，物理过程可用一定的物理量来描述，如果两个几何条件相似的体系中，发生着相同的物理变化过程，且这两个体系中的对应位置的同名物理量有着固定的一个相似常数，则可以认为两个体系相似。一般来说，主要是指以下几个方面的相似条件。

(1)几何相似。几何相似是指原型和模型的外部尺寸相似，包括其对应的边是同一比例，对应的角度相等。将同一几何体系按不同的比例放大或缩小就能得到多个几何相似的体系，即

$$\begin{cases} C_L = \dfrac{L_{\mathrm{p}}}{L_{\mathrm{m}}} \\ \theta_{\mathrm{p}} = \theta_{\mathrm{m}} \end{cases} \qquad (2.3.1)$$

式中，L 为长度；θ 为两条边的夹角；C_L 为几何相似常数，或几何比尺；下标 p 意为原型，m 意为模型。

(2)物理相似。如果两个体系在发生着相同性质的物理变化过程时，这两个体系中对应位置的同名物理量有着固定的一个相似常数，则是物理相似。常见的相似常数有

$$
\begin{cases}
C_\sigma = \dfrac{\sigma_p}{\sigma_m}, \quad C_\varepsilon = \dfrac{\varepsilon_p}{\varepsilon_m} \\[2mm]
C_\delta = \dfrac{\delta_p}{\delta_m}, \quad C_E = \dfrac{E_p}{E_m} \\[2mm]
C_\mu = \dfrac{\mu_p}{\mu_m}, \quad C_X = \dfrac{X_p}{X_m} \\[2mm]
C_\rho = \dfrac{\rho_p}{\rho_m}, \quad C_\gamma = \dfrac{\gamma_p}{\gamma_m}
\end{cases}
\tag{2.3.2}
$$

式中，C_σ 为应力相似常数；C_ε 为应变相似常数；C_δ 为位移相似常数；C_E 为弹模相似常数；C_μ 为泊松比相似常数；C_X 为体力相似常数；C_ρ 为密度相似常数；C_γ 为容量相似常数。

(3) 作用力相似。

$$
\begin{cases}
F_\gamma = \gamma L^3, & C_{F_\gamma} = C_\gamma C_L^3 \\[2mm]
F_a = Ma = \dfrac{\rho L^4}{t^2}, & C_{F_a} = C_\rho C_L^4 C_t^{-2} \\[2mm]
F_e = E\varepsilon A, & C_{F_e} = C_E C_\varepsilon C_L^2
\end{cases}
\tag{2.3.3}
$$

式中，F_γ 为重力；C_{F_γ} 为重力相似常数；F_a 为惯性力；C_{F_a} 为惯性力相似常数；F_e 为弹性力；C_{F_e} 为弹性力相似常数。

在结构的力学体系中，要求各种力之间的相似常数相等，则有

$$
\begin{cases}
C_F = C_{F_\gamma} = C_{F_a} = C_{F_e} \\[2mm]
C_F = C_\gamma \, C_L^3 = C_\rho \, C_L^4 \, C_t^{-2} = C_E \, C_\varepsilon \, C_L^2
\end{cases}
\tag{2.3.4}
$$

(4) 边界条件相似。边界条件相似是指与外界接触的区域内的模型与原型的各种条件，如外部支撑条件、外部约束条件、边界荷载和周围介质等，也是相似的。

(5) 初始条件相似。初始条件的相似对于动态过程而言也和变化规律的相似具有同等重要的地位，包括各个变量的初始值相似。

如果模型与原型之间完全满足了上述各种相似条件，则可以认为该模型是完全相似的。实际上，获得完全相似模型是很困难的，一般只能根据研究重点满足主要的相似条件实现基本相似。

2.3.2　地质力学模型试验的相似判据[39,40]

地质力学模型试验作为一种非线性的破坏试验，它必须要符合破坏试验的相似条件，尤其是考虑到需要模拟出岩体特性以及岩体中的断层、破碎带、软弱带及节理裂隙等，相对于别的模型试验方式，地质力学模型试验的相似要求更为复杂，不仅要满足工程结构及岩体的模型与原型之间在线弹性阶段的相似要求，还要满足破坏阶段的相似要求，具体来说，包含以下几点。

(1)几何相似要求：原型与模型的几何尺寸及所考虑的关键的地质构造的几何条件满足相似的要求。

(2)应力应变关系满足相似：模型材料的变形模量、抗拉强度、抗压强度与原型相似，材料的应力与应变关系满足相似。

(3)主要的地质构造面的抗剪断强度符合相似：主要包括抗剪断强度 f' 与 c' 应当满足相似的要求。

(4)荷载相似要求：施加在模型上的荷载，如自重、库水荷载及淤沙压力等需要与原型保持相似。

概括起来说，第一项几何相似要求为必要条件，第二、三项力学参数的相似是决定条件，第四项荷载的相似要求是相似边界条件，三种条件缺一不可。根据相似理论以及上述条件，设原、模型同名物理量之比为 C，则地质力学模型破坏试验主要应满足下述关系：

$$C_E = C_\gamma C_L \qquad\qquad (2.3.5)$$

$$C_\mu = 1, \quad C_E = 1, \quad C_f = 1 \qquad\qquad (2.3.6)$$

$$C_\sigma = C_E = C_\tau = C_c = \cdots \qquad\qquad (2.3.7)$$

$$C_F = C_\gamma C_L^3 = C_E C_L^2 \qquad\qquad (2.3.8)$$

当 $C_\gamma = 1$ 时，则有

$$C_E = C_L \qquad\qquad (2.3.9)$$

$$C_F = C_L^3 \qquad\qquad (2.3.10)$$

式中，C_E、C_γ、C_L、C_σ、C_F 分别为变形模量、容重、几何尺寸、应力相似比、荷载相似比；C_μ、C_ε、C_f、C_c 分别为泊松比、应变、摩擦系数及黏聚力的相似比。

2.4　地质力学模型试验研究方法[45,46]

2.4.1　超载法

超载法是模拟在实际工程中工程遇到突发洪水和突发情况引起的蓄水壅浪等，通过超载法试验可以评价坝基的承载能力。超载法是保持结构(坝肩)岩体的力学参数不改变，通过逐步增大上游水荷载(沙荷载不超载)，至模型失稳而破坏，从而获得的超载倍数即为试验的安全系数——超载安全系数。超载法长期以来已成功运用于多个工程的稳定性研究中，处理较为简单，是当前国内外比较常用的方法。

在模型试验中常见的超载方式主要有两类：三角形超载法(增大上游水容重)和梯形超载法(加高上游水位)，如图 2.4.1 所示。目前，在超载试验中一般按三角形荷载进行超载[47]。但在实际情况下水荷载（超标洪水）超标幅度是有一定限度的，多数情况下，水压超标幅度不大于 20%，在试验中持续加载至模型破坏时超载倍数大于 1，这是出于得到工程的极限承载能力的需要。

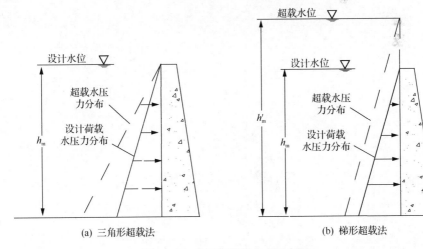

(a) 三角形超载法　　　　　　　　(b) 梯形超载法

图 2.4.1　水压力超载方式示意图

由于只考虑了水荷载这一个超载因素，所以超载法是一种单因素法，其超载安全系数指标仅反映超载因素对坝与地基的影响，可以用于对超载因素进行专门的影响行为分析，研究工程的超载能力，发现薄弱环节。

在超载法模型试验中，超载安全系数 K_p 是超载破坏时的荷载 P'_m 与设计荷载 P_m 的比值，其表达式为

$$K_p = P'_m / P_m$$

对于三角形超载法，有

$$H_m = H'_m$$

所以有

$$K_p = P'_m / P_m = \gamma'_m / \gamma_m \qquad (2.4.1)$$

式中，P_m 为模型的设计荷载；P'_m 为模型破坏时的荷载；γ_m 为模型加压液体的设计容重；γ'_m 为破坏时模型的加压液体容重。

根据破坏时的相似条件推得

$$C_\sigma = C_\gamma C_l$$

$$C_\sigma = C_\tau = C_E = \cdots \qquad (2.4.2)$$

$$\therefore \frac{\tau_p}{\tau_m} = \frac{\gamma_p}{\gamma_m} C_L \qquad (2.4.3)$$

故

$$\frac{1}{\gamma_m} = \frac{\tau_p}{\tau_m \gamma_p C_L} = \frac{C_\tau}{\gamma_p C_L} \qquad (2.4.4)$$

$$K_p = \frac{C_\tau \gamma'_m}{C_L \gamma_p} \qquad (2.4.5)$$

在地质力学模型试验中，当材料容重的相似比 $C_\gamma = 1$ 时，则

$$K_p = \frac{\gamma'_m}{\gamma_p} \qquad (2.4.6)$$

由抗剪断公式可看出

$$K_p = \frac{f\sigma + c}{P} = \frac{\tau}{P} \qquad (2.4.7)$$

$$1 = \frac{\tau}{K_p P} \qquad (2.4.8)$$

由式(2.4.7)和式(2.4.8)可得，试验过程中通过连续增大水平荷载的容重 γ_m 或

增大水平荷载 P，直至模型破坏或失稳，那么相对设计荷载而言，超载安全系数 K_p 就是当模型破坏时破坏荷载的超载倍数 K，可以用图 2.4.2 来表示。

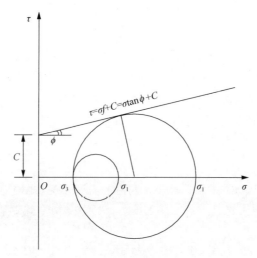

图 2.4.2　超载安全系数物理意义示意图

2.4.2　强度储备法

强度储备法模拟的是在工程长期运行过程中，当库水荷载位于正常蓄水位时，水沙、自重等外部荷载不变，而基础及其软弱结构面等由于长期受到库水浸泡或冲蚀其材料的力学参数而逐步降低的过程。表现在模型试验过程中，即保持模型加载不变，逐步降低基础岩体及结构面的材料力学参数，直至整体破坏或失稳的过程，采用这种试验方法得到的安全系数称为强度储备系数[48]，即 $K_s = \tau_p / \tau_m = \tau_p' / \tau_m'$。由于在实际工程中，考虑到岩体强度指标取值也会存在一定浮动范围，因此，在模型设计过程中先完成材料试验，对材料力学参数进行敏感性分析，从而探讨力学参数降低与稳定安全度的影响关系。

试验过程中要实现强度储备法，则需要通过降低材料的强度直至整体破坏失稳，这是当前强度储备法试验的难点之一。如果针对材料每改变一个力学参数制作一个模型，则需制作多个模型，工作量大、投资高、周期长，且难以保持制作的同等精度，故很少采用该法。因此，通常是在一个荷载水平下，分步分级地降低模型材料的力学参数、强度，直至其极限值。有的试验是通过"等价原则"将材料强度等价为荷载，从而转化为超载法，求得等价的强度储备安全系数；有的试验是采用拉杆挂砝码、离心机加荷等方法来实现模型材料容重的增加[44]。或者是采取一种强度可降的模型材料，在同一模型中实现材料强度的降低。

强度储备法是一种单因素法，该方法只考虑了工程的材料强度变化这一因素。

该方法获得的强度储备安全度指标反映了含软弱结构的坝肩坝基的安全强度储备能力，反映了软弱结构强度变化对坝和地基的工作性态和安全性的影响。

强度储备法认为坝基岩体和软弱结构面的抗剪断(c'、f'、τ)等强度在库水长期作用下会逐渐降低，对坝基的稳定安全影响较大。因此，在试验中，材料强度是根据莫尔库仑理论，通过材料试验得出抗剪断强度 $\tau = f'\sigma + c'$ 来控制。模型破坏时的强降倍数，即设计抗剪断强度 τ_m 和强降破坏时的抗剪断强度 τ_m' 的比值就是强度储备系数 K_s，其表达式为

$$K_\mathrm{s} = \tau_\mathrm{m} / \tau_\mathrm{m}' \tag{2.4.9}$$

由相似关系得

$$\tau_\mathrm{m} = \frac{\tau_\mathrm{p}\gamma_\mathrm{m}}{C_L\gamma_\mathrm{p}} \tag{2.4.10}$$

$$K_\mathrm{s} = \frac{\tau_\mathrm{p}\gamma_\mathrm{m}}{C_L\gamma_\mathrm{p}\tau_\mathrm{m}'} \tag{2.4.11}$$

式中，τ_m 为模型材料的设计抗剪断强度；τ_m' 为破坏模型材料的实际抗剪断强度；τ_p 为原型材料的设计抗剪断强度。

在地质力学模型试验中，当材料容重相等，即 $C_\gamma = 1$ 时，则有

$$K_\mathrm{s} = \frac{\tau_\mathrm{p}}{C_L\tau_\mathrm{m}'} \tag{2.4.12}$$

由抗剪断公式得

$$1 = \frac{\tau/K_\mathrm{s}}{P} \tag{2.4.13}$$

由式(2.4.10)、式(2.4.12)可看出，强度储备法就是保持设计外荷载 P 不变的前提下，不断降低岩体或软弱结构面的抗剪断强度 τ，直至破坏。相对设计抗剪断强度而言，破坏时的强度降低的倍数 K 即为试验的安全系数——强度储备安全系数 K_s，可以用图2.4.3来表示。

2.4.3　综合法

综合法是一种结合了超载法和强度储备法的方法，一方面模拟了工程上可能遭遇的洪水，另一方面模拟了工程长期运行中坝肩长期受到库水侵蚀而导致材料力学参数有所降低的情况，由此获得两方面因素作用下的安全系数——综合稳定

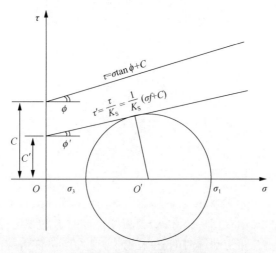

$$\tau = \sigma \tan \phi + C$$

$$\tau' = \frac{\tau}{K_S} = \frac{1}{K_S}(\sigma f + C)$$

图 2.4.3　强度储备系数安全系数物理意义示意图

安全系数，显然这种方法与工程实际更为相近[45]。实际情况中可以理解为，既考虑暴雨、水库蓄水初期库岸坍塌或强烈地震引起壅浪等可能引起水荷载超载的情况，又考虑岩体参数取值本身存在的浮动变化及受库水浸泡及渗漏等引起的强度降低。对于那些岩体年代较新而且强度较低或者是存在软弱结构面的工程，综合法破坏试验更能全面反映实际情况[49,50]。一般来说，岩体由受库水浸泡而引起的强度降低是一个较长的演化过程，因此，试验上以先超载后降强的加载程序是比较符合工程实际的。综合法试验实际操作起来比较复杂，特别是在超载至哪种水平再降强，一直没有统一的标准[45]。

综合法是超载法与强度储备法的综合考虑。试验中通过强降和超载两种加载方式获得模型破坏时的强降倍数 K_1 和超载倍数 K_2。

$$\frac{\tau_{\mathrm{p}}}{\tau_{\mathrm{m}}} = \frac{\gamma_{\mathrm{p}}}{\gamma_{\mathrm{m}}} C_L = C_\gamma C_L$$

在地质力学模型试验中，当材料容重相等，即 $C_\gamma = 1$ 时，则有

$$\tau_{\mathrm{p}} = \tau_{\mathrm{m}} C_L$$

由式 (2.4.5)、式 (2.4.11)，当同时改变模型超载容重 γ_{m} 与模型抗剪断强度 τ_{m} 时有

$$K_{\mathrm{c}} = \frac{\tau_{\mathrm{p}} \gamma_{\mathrm{m}}'}{C_L \gamma_{\mathrm{p}} \tau_{\mathrm{m}}'} = \frac{\tau_{\mathrm{m}} \gamma_{\mathrm{m}}'}{\gamma_{\mathrm{p}} \tau_{\mathrm{m}}'} \tag{2.4.14}$$

由式(2.4.6)、式(2.4.12)得

$$K_c = K_p K_s \tag{2.4.15}$$

由抗剪断公式得

$$1 = \frac{\tau/K_1}{K_2 P} \tag{2.4.16}$$

$$K_c = K_1 K_2 \tag{2.4.17}$$

式中，K_1、K_2分别为强度降低安全系数和超载安全系数，公式的含义与式(2.4.8)、式(2.4.13)相同。由式(2.4.15)~式(2.4.17)可知，同时考虑强度储备与超载的情况下，综合安全系数 K_c 即为破坏时的材料的力学强度所降低倍数 K_1 与试验中超载倍数 K_2 两者的乘积，可以用图 2.4.4 来表示。

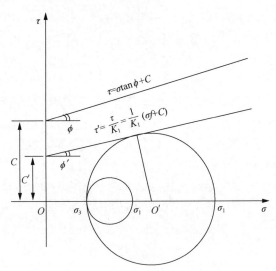

图 2.4.4　综合安全系数物理意义示意图

第3章　有限元理论与方法

3.1　岩体及弹塑性本构关系

岩石作为高抗压、低抗拉和抗剪的材料，其应力-应变关系呈现复杂的非线性特征。通常材料非线性及几何非线性问题同时存在，但几何非线性的研究较为复杂，在有限元分析中一般采用材料非线性对岩体材料进行计算，可以认为有两个阶段：达到屈服极限之前可以近似认为是线弹性，达到屈服极限之后则主要显示出一定的塑性特点[51,52]。

1. 弹性本构模型

岩体材料在弹性状态时的本构关系为

$$\{\sigma\} = [\sigma_x \quad \sigma_y \quad \sigma_z \quad \tau_{xy} \quad \tau_{yz} \quad \tau_{zx}] = [D_e][B]\{\delta^e\} - [D_e]\{\varepsilon_0^e\} + \{\sigma_0\} \tag{3.1.1}$$

式中，$[D_e]$ 为弹性矩阵；$[B]$ 为几何矩阵；$\{\delta^e\}$ 为单元位移列阵；$\{\varepsilon_0^e\}$ 为单元初应变列阵；$\{\sigma_0\}$ 为初应力矩阵。

对于各向同性体，弹性矩阵$[D_e]$的表达式为

$$[D_e] = \frac{E(1-\mu)}{(1+\mu)(1-2\mu)} \begin{bmatrix} 1 & \dfrac{u}{1-u} & \dfrac{u}{1-u} & 0 & 0 & 0 \\[2mm] \dfrac{u}{1-u} & 1 & \dfrac{u}{1-u} & 0 & 0 & 0 \\[2mm] \dfrac{u}{1-u} & \dfrac{u}{1-u} & 1 & 0 & 0 & 0 \\[2mm] 0 & 0 & 1 & \dfrac{1-2u}{2(1-u)} & 0 & 0 \\[2mm] 0 & 0 & 0 & 0 & \dfrac{1-2u}{2(1-u)} & 0 \\[2mm] 0 & 0 & 0 & 0 & 0 & \dfrac{1-2u}{2(1-u)} \end{bmatrix} \tag{3.1.2}$$

2. 弹塑性本构模型

弹塑性问题的增量型本构关系式为

$$\mathrm{d}\sigma = [D_{\mathrm{ep}}]\mathrm{d}\varepsilon \tag{3.1.3}$$

按照塑性流动法则，弹塑性矩阵 $[D_{\mathrm{ep}}]$ 的表达式为

$$[D_{\mathrm{ep}}] = [D_{\mathrm{e}}] - [D_{\mathrm{p}}] \tag{3.1.4}$$

$$[D_{\mathrm{p}}] = \frac{[D_{\mathrm{e}}]\left\{\dfrac{\partial g}{\partial \sigma}\right\}\left\{\dfrac{\partial \varphi}{\partial \sigma}\right\}^{\mathrm{T}}[D_{\mathrm{e}}]}{A + \left\{\dfrac{\partial \varphi}{\partial \sigma}\right\}^{\mathrm{T}}[D_{\mathrm{e}}]\left\{\dfrac{\partial g}{\partial \sigma}\right\}} \tag{3.1.5}$$

式中，$[D_{\mathrm{e}}]$ 为弹性矩阵；$[D_{\mathrm{p}}]$ 为塑性矩阵；g、φ 为塑性势及屈服函数；A 为应变硬化参数（$A = -\left\{\dfrac{\partial \varphi}{\partial h}\right\}\left\{\dfrac{\partial g}{\partial I_1}\right\}$，当 $A>0$ 时应变硬化，当 $A<0$ 时应变软化）。

塑性矩阵的具体形式为

$$[D_{\mathrm{p}}] = \frac{1}{S_0}
\begin{bmatrix}
S_1^2 & S_1S_2 & S_1S_3 & S_1S_4 & S_1S_5 & S_1S_6 \\
S_1S_2 & S_2^2 & S_2S_3 & S_2S_4 & S_2S_5 & S_2S_6 \\
S_1S_3 & S_2S_3 & S_3^2 & S_3S_4 & S_3S_5 & S_3S_6 \\
S_1S_4 & S_2S_4 & S_3S_4 & S_4^2 & S_4S_5 & S_4S_6 \\
S_1S_5 & S_2S_5 & S_3S_5 & S_4S_5 & S_5^2 & S_5S_6 \\
S_1S_6 & S_2S_6 & S_3S_6 & S_4S_6 & S_5S_6 & S_6^2
\end{bmatrix} \tag{3.1.6}$$

式中

$$S_i = D_{i1}\overline{\sigma}_x + D_{i2}\overline{\sigma}_y + D_{i3}\overline{\sigma}_z \quad (i=1,2,3)$$

$$S_i = G\overline{\tau}_{kj} \quad (kj = xy,\ yz,\ zx;\ i=4,5,6)$$

$$S_0 = S_1\overline{\sigma}_x + S_2\overline{\sigma}_y + S_3\overline{\sigma}_z + S_4\overline{\tau}_{xy} + S_5\overline{\tau}_{yz} + S_6\overline{\tau}_{zx}$$

3.2　屈　服　准　则

岩体在变形过程中，当应力及应变增长到一定程度时，岩体就开始屈服产生塑性变形。用以表征岩体屈服条件的应力-应变函数即为屈服准则，又称为强度准

则。对于岩石或混凝土这类材料目前大致有 M-C(Mohr-Coulomb)准则、D-P(Drucker-Prager)准则、M-CTresca 屈服准则、Mises 屈服准则、Lade 屈服准则、Bresler-Pister 屈服准则、Ottosen 四参数屈服准则、Hsieh-Ting-Chen 四参数屈服准则、Willam-Warnke 三参数和五参数准则等屈服准则，在岩土工程中普遍采用的屈服准则是 M-C 准则和 D-P 准则[53,54]。

3.2.1　最大拉应力准则

该准则常用于脆性材料，用来判断是否会发生拉伸破坏。根据该准则的假设，当材料的最大主应力值等于拉伸强度时，材料拉伸破坏。设 $\sigma_1 \geqslant \sigma_2 \geqslant \sigma_3$，材料抗拉强度为 f_t，则准则为

$$f = \sigma_1 - f_t = 0 \tag{3.2.1}$$

若用应力不变量表示，有

$$f(I_1, J_2, \theta) = 2\sqrt{3J_2}\cos\theta + I_1 - 3f_t = 0 \quad (0° \leqslant \theta \leqslant 60°) \tag{3.2.2}$$

式中，θ 为罗德角；I_1 为第一应力不变量；J_2、J_3 为第二、第三应力偏量不变量。

3.2.2　Mohr-Coulomb 准则

M-C 准则反映了材料抗拉和抗压强度不等($f_t < f_c$)的特点，在岩土力学中被广泛应用。材料的破坏取决于两个方面的因素：一是最大剪应力，二是剪切面上正应力的影响。其准则表示为

$$f = |\tau| + \sigma_n \tan\varphi - c = 0 \tag{3.2.3}$$

式中，τ 为材料破坏面上剪应力；σ_n 为破坏面上的正应力；c、φ 分别为材料的黏聚力和内摩擦角。

若将 M-C 准则按照应力不变量的形式来表示，则有

$$f(I_1, J_2, \theta) = \frac{1}{3}I_1\sin\varphi + \sqrt{J_2}\sin\left(\theta + \frac{\pi}{3}\right) + \frac{\sqrt{J_2}}{\sqrt{3}}\cos\left(\theta + \frac{\pi}{3}\right)\sin\varphi - c\cos\varphi = 0$$

$$(0 \leqslant \theta \leqslant 60°)$$

$$\tag{3.2.4}$$

M-C 准则能很好地反映岩土的破坏模式，并与试验数据吻合较好。但 Mohr-Coulomb 屈服面在空间呈六棱锥，屈服面存在尖点(即不光滑点)，这在数值计算中存在严重的收敛问题。

3.2.3　Drucker-Prager 准则和 Mises 准则[55]

为了消除 Mohr-Coulomb 六边形屈服面存在尖点而在数值计算中产生的收敛问题，在 Mises 准则的基础上提出了 D-P 准则。Drucker-Prager 屈服面在空间中用圆锥来近似 Mohr-Coulomb 屈服面六棱锥(图 3.2.1)，能有效地避免数学上的奇异、克服不收敛的问题。因此，D-P 屈服准则是 M-C 准则的一种近似，是岩土工程数值计算中最常用的一种屈服准则。

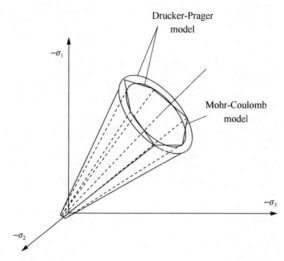

图 3.2.1　Drucker-Prager 和 Mohr-Coulomb 屈服面

D-P 准则的判别式为

$$F = \alpha I_1 + \sqrt{J_2} - k \qquad (3.2.5)$$

式中，I_1 为应力张量的第一不变量，$I_1 = \sigma_x + \sigma_y + \sigma_z$；$J_2$ 为偏应力张量的第二不变量，$J_2 = \dfrac{1}{3}[(\sigma_x - \sigma_y)^2 + (\sigma_y - \sigma_z)^2 + (\sigma_z - \sigma_x)^2]$；$\alpha$、$k$ 为材料参数，$\alpha = \tan\varphi \big/ \sqrt{9 + 12\tan^2\varphi}$，$k = 3c \big/ \sqrt{9 + 12\tan^2\varphi}$。

若取 $\alpha = 0$，则其简化为 Mises 准则：$\sqrt{J_2} - k = 0$。

由以上公式可见，这两个准则的形式比较简单，其中需要的参数较少而且可以通过试验测定得到，或者由 M-C 准则材料常数换算得到，该准则的屈服面光滑，对数值计算有利。Mises 准则中考虑到了三个主应力的影响，但静水压力对屈服和破坏的影响却未考虑，一般使用在金属类材料以及 $\varphi = 0$ 的软黏土的应力分析当中。D-P 准则在一定程度上克服了这一缺憾，在混凝土和岩体材料的分析与数值模拟计算中应用较为广泛。

3.3　ANSYS 非线性有限元分析基本理论

3.3.1　ANSYS 软件简介

ANSYS 软件是一款集结构、热、流体、电磁、声学于一体的大型通用有限元分析软件，由美国 ANSYS 公司研制，通过该软件可以进行工程结构静态和动态的有限元分析，并且可以针对诸如流体、电磁场、温度场等进行模拟分析，并且可以达到一定程度的可信度[56]。

ANSYS 软件主要包括三个部分：前处理模块、分析计算模块和后处理模块[57]。前处理模块：完成创建有限元模型，赋予其材料性质、网格的划分。分析计算模块：施加荷载、约束条件并求解。后处理模块：查看分析结果、检验结果。

3.3.2　强度准则

为了明确研究对象涉及的力学范畴以及此次分析的重点，在建模前需要首先确定针对不同分区的材料特性所选用的强度准则。强度准则又称为屈服准则，其实质是当材料处于某个复杂的应力状态时，材料的内部某几个点开始发生塑性变形时的应力条件。

在 ANSYS 软件的非线性分析中有多种强度准则[51~53]供选择，其中适用于岩石类材料的是 D-P 准则。该准则假定材料是理想弹塑性，其屈服面不随着材料逐渐屈服而改变，考虑由屈服引起的体积膨胀而不考虑温度的变化影响。在岩石体结构分析中常采用 D-P 准则，本模型采用的也是此准则。

在 ANSYS 分析软件中只需输入黏聚力 c、内摩擦角 φ 和膨胀角 φ_f，考虑到岩石这类坚硬材料，一般都认为其体积膨胀很微小，可以忽略不计，因此在计算中，需要输入的参数包括容重 γ、泊松比 μ、变形模型 E、黏聚力 c、内摩擦角 ϕ 几个参数来主要控制岩石这类材料。

此外，ANSYS 中坝体混凝土材料采用的是 solid65 单元来模拟，采用 William-Warnke 五参数准则与混凝土材料的特性更为接近[55]，其破坏准则为

$$\frac{F}{f_c} - S \geqslant 0 \tag{3.3.1}$$

式中，F 为主应力 σ_1、σ_2、σ_3 的函数；S 为主应力 σ_1、σ_2、σ_3 与参数 f_t、f_c、f_{cb}、f_1、f 五个参数定义的破坏面。

3.3.3　创建有限元模型

创建模型是首要步骤。ANSYS 有限元软件提供了多种建模方式，一般常用的有两种[58]：①间接法，也是自动网格建立法，多用于节点、元素数目较多、几何外形复杂的结构系统，先通过点、线、面、体建实体模型，再进行网格划分，以完成有限元模型的建立；②直接法，不建立实体模型，而是直接参照研究对象的外形输入节点及元素来构建模型。本节采用的是间接法建模。

在建模过程中，划分网格操作非常重要。这一过程包括三个步骤[59]：第一步，定义单元的属性；第二步，定义网格的生成控制；第三步，划分成网格。

单元的属性主要包括材料的属性、几何常数、单元的类型三大类，其中材料的属性即表现各种材料特性的参数，几何常数主要是指针对某一类单元需要进行补充的几何特征，在 ANSYS 软件中，有多种单元形状和类型可供选择，这对分析过程能否收敛非常重要。

在 ANSYS 软件中，程序会自由划分生成网格，也可以通过一些命令项来产生质量更好的自由网格，这对计算的精度及最后的计算结果有一定的影响。本节采用两种方式相结合的方法来划分网格。

3.3.4　加载与求解

为了模拟结构在一定载荷条件下的特性变化，在 ANSYS 分析中施加载荷也非常重要。建模完成后要根据研究对象的边界条件进行加载和求解。加载包括多个方面，如研究对象所处的边界条件、初始条件，模型所受的各种荷载、支撑，以及速度、加速度等参数。在 ANSYS 分析软件中包括 7 类载荷：①DOF 约束；②表面分布载荷；③体载荷；④惯性载荷；⑤初始载荷；⑥偶合场载荷；⑦力。需要说明的是，不仅实体模型(关键点、线和面)可以加载，节点和单元也可以被施加载荷。

在 ANSYS 计算中，可以通过程序命令将载荷顺着时间历程分步施加，这个过程可以是顺序的，也可以是阶跃式的，或者设置载荷步来模拟加载的顺序及卸载等。加载完毕后求解，其实是通过软件语言的自动化求解矩阵方程，关键是求解器的选择，可以选用软件自动选择的求解器，也可以进行指定。

3.3.5　后处理模块

ANSYS 提供了后处理模块以便导出结果，主要包括通用后处理器(general post processor)以及时间历程后处理器(time hist post processor)。通过处理模块可以从多个方面来查看结果、颜色云图、曲线变化、结果数据文本、动画演示等。通过后处理获得结果还需要进行结果的检验，这也是非常关键的。

第4章 拱坝坝肩稳定破坏机理试验研究

4.1 立洲工程概况及地质条件

4.1.1 工程概况

立洲水电站工程位于四川省凉山彝族自治州木里藏族自治县境内，该电站是木里河干流水电规划"一库六级"的第六个梯级电站。水库总库容1.897亿m³，正常蓄水位2088.00m，库容1.787亿m³，死水位2068.00m，调节库容0.82亿m³，淤沙高程1985.21m，具有季调节能力。电站装机容量355MW，多年平均发电量为15.52亿kW·h，是一座以发电为主，兼顾城乡工业生活及环境用水等综合利用的大型水利工程。

立洲水电站的开发方式为混合式开发，工程枢纽包括碾压混凝土双曲拱坝、坝身泄洪系统、右岸地下长引水隧洞及右岸龚家沟地面厂房。其中拦河大坝为抛物线双曲拱坝，坝顶高程2092.00m，坝底高程1960.00m，最大坝高132.00m(不含垫座)，为世界级高碾压混凝土拱坝。枢纽布置见图4.1.1。

1. 拱坝体形及混凝土参数

立洲碾压混凝土拱坝采用抛物线等厚双曲薄拱坝为设计体型，拱冠梁上、下游面曲线为三次抛物线，水平拱圈上、下游面曲线为二次抛物线。大坝坝顶高程2092.00m，坝底高程1960.00m(不含垫座，垫座底高程1954.00m)，最大坝高132.00m。坝顶宽7.00m，坝底厚26.00m，厚高比为0.196，坝顶中心弧长201.82m，最大中心角为89.9774°，位于2055.00m高程；最小中心角为53.7464°，位于1960.00m高程。基本上呈对称布置，中心线方位为N25.4569°W。拱冠最大曲率半径为93.50m，最小曲率半径为61.50m。双曲拱坝控制高程几何参数见表4.1.1，坝体结构图见图4.1.2。

立洲拱坝的坝体采用二级配碾压混凝土防渗，其内部为三级配碾压混凝土。根据《混凝土拱坝设计规范》(DL/T 5436—2006)规定，设计采用碾压混凝土$C_{90}25$，其抗压强度标准值为25.0MPa，其抗压强度设计值为17.8MPa，抗拉强度设计值为1.57MPa，线膨胀系数取$10 \times 10^{-6}/℃$，泊松比为0.167，容重为2.4t/m³。

坝体主要采用碾压混凝土，仅闸墩、溢流头部、下游消能防冲建筑物、基础垫层等由常态混凝土浇筑而成；坝体下游溢流面、泄洪中孔采用强度等级较高的二级配抗冲耐磨混凝土。具体分成下列几个区。

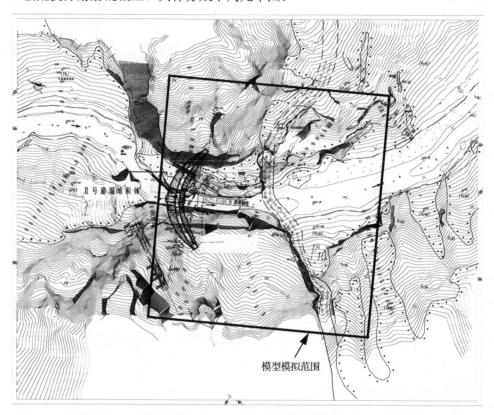

图 4.1.1　立洲水电站坝址区工程地质平面图及模型模拟范围平面图

表 4.1.1　立洲水电站抛物线双曲拱坝控制高程几何参数表——可研体形

拱圈高程 /m	拱圈厚度 T_C/m	拱坝中曲面半径/m		拱坝中心角/(°)		拱冠中心距 Y_C/m
		左拱	右拱	左拱	右拱	
2092.0	7.000	93.500	78.500	44.1607	45.6851	78.500
2075.0	9.963	86.674	74.678	44.0001	45.8399	80.622
2055.0	13.894	79.277	69.533	43.9786	45.9988	82.941
2035.0	17.890	72.946	64.507	43.1578	45.3498	84.695
2015.0	21.515	68.079	60.468	41.7674	44.3931	85.488
2000.0	23.727	65.630	58.605	39.6552	42.0174	85.216
1985.0	25.300	64.396	58.147	36.9853	39.0674	84.015
1970.0	26.049	64.547	59.461	31.9147	33.7964	81.720
1960.0	26.000	65.500	61.500	26.0378	27.7086	79.500

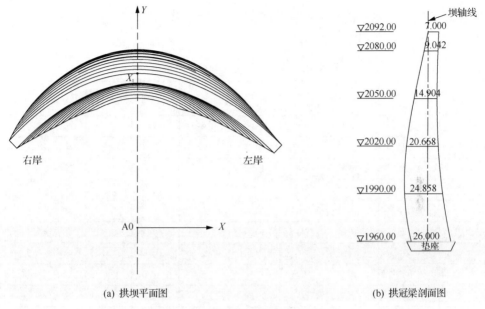

(a) 拱坝平面图　　　　　　　　　　(b) 拱冠梁剖面图

图 4.1.2　立洲拱坝坝体几何体形图

Ⅰ、Ⅱ区：坝体上游大体积二级配富胶凝碾压混凝土，2068m 以下；

Ⅱ区：坝体上游大体积二级配富胶凝碾压混凝土(抗冻)，2068m 以上；

Ⅲ区：坝体下游大体积三级配碾压混凝土；

Ⅳ区：大坝垫层混凝土；

Ⅴ区：一般结构混凝土，如交通竖井、楼梯等；

Ⅵ区：闸门井、表孔闸墩、排架结构混凝土等；

Ⅶ区：表孔堰体混凝土等；

Ⅷ区：中孔孔身混凝土等；

Ⅸ区：中孔采用抗冲耐磨混凝土。

坝体不同分区的混凝土特性要求见表 4.1.2。

4.1.2　坝址区工程地质条件

1. 坝址区地形条件

坝址区位于立洲岩子灰岩峡谷内，两岸均为高大陡壁，山体雄厚，岩质坚硬，地质构造较复杂。坝址区 2170m 高程以下河谷狭窄，断面呈 U 形，左岸自然边坡坡角约 67°，右岸约 75°；2170m 高程以上两岸河谷形态差异较大，经层间剪切带影响，不同高程的坡面陡缓交替，陡处平均坡度约 65°，缓处平均坡度为 30°~35°。坝址区枯水期河水位为 1987~1988m，水深 2~7m，枯水期河水面宽 20~40m，水库正常蓄水位 2088m 高程时谷宽 104~133m，峡谷内河谷宽高比约为 1.3∶1。坝址区地形平面图详见图 4.1.1。

表 4.1.2　坝体混凝土材料分区特性表

分区	混凝土强度等级	级配	抗渗标号	抗冻标号	抗冲刷	抗侵蚀	低热性	备注
I	$C_{90}25$	二级配	W8	F100	×	√	√	碾压混凝土
II	$C_{90}25$	二级配	W8	F150	×	√	√	碾压混凝土
III	$C_{90}25$	三级配	W6	F100	×	√	√	碾压混凝土
IV	$C_{90}25$	三级配	W8	F100	×	√	×	常态混凝土
V	$C_{28}20$	三级配	W6	F100	×	√	×	常态混凝土
VI	$C_{28}25$	三级配	W6	F150	×	√	×	常态混凝土
VII	$C_{28}30$	三级配	W6	F150	×	√	×	常态混凝土
VIII	$C_{28}35$	三级配	W8	F150	×	√	×	常态混凝土
IX	$C_{28}40$	三级配	W8	F150	√	√	×	常态混凝土

注："√"表示要求混凝土具备该特性；"×"表示不要求混凝土具备该特性。

2. 坝址区地层岩性

坝址区基岩以二叠系卡翁沟组(Pk)灰岩为主,出露地层归属于异地系统地层,由老到新依次分布板岩(D_1yj)、灰色厚层夹中厚层状灰岩(Pk)、第四系冲洪积物砂砾石、漂石。坝址区基岩面高程 1986m,覆盖层厚度 5.9~13.6m,坝轴线处两岸基岩裸露,出露地层为 Pk 厚层灰岩,覆盖层由冲洪积砂卵砾石、漂石及崩塌块石组成。左坝肩及峡谷出口缓坡地带还分布有一定量的崩塌堆积(Q^{col})大块石、块碎石。

坝址区左岸临河侧岩层产状为 N20°~30°E/SE∠10°~24°,近山侧为 N70°~80°E/SE∠18°~25°；右岸以 PD4 号平硐支洞为界,临河侧岩层产状为 N40°W/NE∠14°,近山侧岩层产状为 N20°~30°W/NE∠15°~25°。在层间错动带的切割下,坝址区岩体沿高程方向分为 5 个小层；且坝址区以横切河谷的 F10 断层为界分为上下两层,上游灰岩河段覆盖层一般在 10m 左右,下游碎屑岩河段覆盖层最大可达 28m 左右,大致分为三层,上部为砂卵砾石夹块石,砾石粒径 3~8cm,块石直径在 20cm 以内,成分主要为灰岩；中部为细砂夹砾石,厚度 7~16m,其中砾石约占 25%,粒径 3~5cm；下部主要为卵砾石、块石,厚度 7~15m。

4.2　影响拱坝整体稳定的复杂地质构造分析

坝址区地质构造较为复杂，分布有断层、层间剪切带、长大裂隙或裂隙带，相互交错，是对拱坝的坝肩稳定非常不利的因素。

4.2.1　断层贯穿坝肩及河床

坝址区地表出露断层共 4 条，分别为 F10、f2、f4、f5，平硐揭露断层 5 条，详述如下。

断层 f5：属Ⅳ级结构面，产状 N70°W/SW∠80°~85°，该断层为一条横河向平移断层，断层带宽 3~5cm，影响带 20~40cm 不等。该断层由右岸地表向下横穿河谷，贯穿左右坝肩，并向卜延伸全坝基。断层带主要有岩屑、方解石夹泥充填。该断层对两岸坝肩及坝基的稳定有不利的影响。

断层 f4：属Ⅳ级结构面，产状 N30°~40°W/NE∠40°~50°，主要发育于左岸下层栈道以下陡壁上，局部分布于右岸坝肩，正断层，错距 10~20cm，断层带宽 5~20cm。该断层主要分布于左坝肩，并在 2030m 高程以上见于右坝肩。该断层影响左坝肩稳定。

断层 F10：属Ⅱ级结构面，产状为 N40°~50°E/NW∠80°~85°，该断层为一条横河向断层，延伸长度约 4km，断层带主要由碎裂岩、裂隙密集带、糜棱角砾岩组成，宽 10~20m，上盘影响带宽 10m，下盘影响带宽 40~50m，岩层揉皱强烈，岩层产状变化较大，靠近断层带附近岩层产状为 N60°~70°E，NW∠80°~90°，远离断层区域岩层产状 N70°E，SE∠60°~80°。地貌表现为断层崖，为一逆断层。该断层距离拱坝有一定的距离。

断层 f2：属Ⅲ级结构面，断层发育于左岸，距河最近距离为 0.2km，断层走向 N50°~60°W/NE∠85°，顺河延伸约 2.5km，破碎带宽 10~20m，主要由碎裂岩、裂隙密集带组成，Pk 厚层灰岩中地貌表现为深切沟槽，断层性质不明。

4.2.2　长大裂隙纵横交错

坝址区对拱坝的坝肩稳定有不利影响的长大裂隙或裂隙带主要有 L1、L2、Lp285，其中 L1、L2 属Ⅳ级结构面，Lp285 属Ⅴ级结构面，详述如下。

L1 为一裂隙密集带，发育于左岸陡壁，向下延伸至河床，向上延伸到 2090m 左右，裂隙产状为 N75°W/NE∠68°，裂隙宽 0.3~0.5cm，充填岩屑、铁质夹少量泥，裂隙带宽 50~70cm。

L2 也为一裂隙密集带,发育于左岸陡壁,平面位置在 L1 下游,与 L1 在 2087m 左右高程相交呈"λ"型,该裂隙向下延伸至河床,在 2090m 左右受层间剪切带限制,裂隙产状为 N80°~90°E/SW∠60°~64°,裂隙宽 2~10cm,充填岩屑、铁质夹少量泥,裂隙带宽约 30cm 左右。PD15 号平硐及支洞揭露该裂隙,编号为 L273。

Lp285 系 PD15 号平硐揭露的一条较大裂隙,产状为 N30°W/NE∠70°~85°,裂隙宽 3~8cm,充填黄色黏土夹少量灰岩碎石,黏土呈软塑状,含量占 80%~90%。

除上述节理裂隙外,坝址区的节理裂隙主要还可归纳为以下四组。

(1) N80°~90°E/SE∠50°~70°(或 NW∠60°),该组裂隙最为发育,弱风化带内宽一般为 0.3~0.5cm,充填物为岩屑夹黏土,连通率为 55%;微风化带内裂隙宽度 0.1~0.3cm,充填物以岩屑、解石及铁质为主,连通率为 35%。

(2) N50°~70°E/SE∠80°~90°(或 NW∠50°~60°),该组裂隙发育,弱风化带内宽一般为 0.2~0.5cm,充填物为岩屑夹黏土,连通率为 50%;微风化带内裂隙宽度 0.1~0.3cm,充填物以岩屑、方解石为主,连通率 30%。

(3) N20°~40°W/SW∠80°~90°,该组裂隙发育,弱风化带内宽一般为 0.2~0.5cm,充填物为岩屑夹黏土,连通率为 60%;微风化带内裂隙宽度 0.1~0.3cm,充填物以岩屑、解石及铁质为主,连通率为 30%。

(4) N60°~80°W/SW∠60°~80°(或 NE∠75°~85°),访组裂隙在弱风化带内宽一般为 0.2~3cm,充填物为岩屑夹黏土,连通率为 50%;微风化带内裂隙宽度 0.1~0.35cm,充填物以岩屑、解石及铁质为主,连通率 35%。

4.2.3　层间剪切带沿层面发育

坝址区发育有 4 个层间剪切带:fj1~fj4,属硬性结构面,平行于层面发育。按规模分类,层间剪切面均属Ⅳ级结构面,详述如下。

fj1 位于河水位附近,在峡谷出口处较为明显,部分河床钻孔内揭露。

fj2 位于下层栈道附近,根据路槽揭示,该层间剪切带在卸荷区多有泥化现象,而在弱风化带充填物以岩屑夹泥为主,厚度 0.5~3cm 不等。微新岩体内则多为岩屑型结构面且多闭合。

fj3、fj4 位于坝顶高程附近,根据 PD3、PD4 号平硐内揭露,其连续性较好,宽一般为 0.2~0.5cm,充填物以岩屑夹黄色黏土为主。坝轴线工程地质剖面如图 4.2.1 所示。

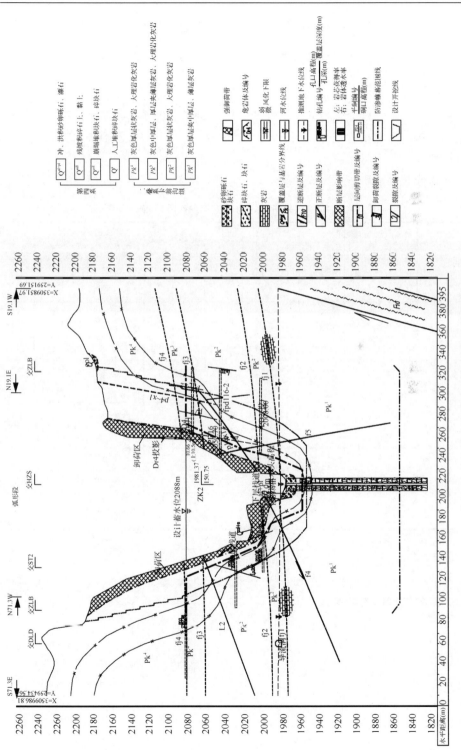

图4.2.1　立洲水电站坝轴线工程地质剖面图

4.3 岩体及主要结构面力学参数

4.3.1 岩体力学参数

根据岩体中结构面发育程度、性状，岩体风化、蚀变、卸荷作用程度和试验成果等因素，立洲拱坝坝址区的天然岩体可以分为三大类，其中依据其风化程度再进行细分。

岩体分类及基本参数见表 4.3.1。

表 4.3.1　坝址区岩石(体)物理力学参数地质建议值表

地层代号	地层岩性	风化程度	密度 /(g/cm³)	饱和抗压强度 /MPa	泊松比	抗剪强度 f	抗剪断强度 岩/岩 f'	抗剪断强度 岩/岩 c' /MPa	抗剪断强度 岩/混凝土 f'	抗剪断强度 岩/混凝土 c' /MPa	变形模量 /GPa
Pk	厚层状灰岩、大理岩化灰岩	弱风化下部	2.65	36	0.25	0.55	0.8	0.6	0.8	0.6	8
		微新	2.7	52	0.23	0.65	1.2	1	1.05	0.9	12
D₁yj	极薄、薄层炭硅质板岩	强风化	2.45	5~8	—	—	—	—	—	—	—
		弱风化	2.65	20	—	—	0.5	0.4	—	—	2
		微新	2.67	40	0.3	—	0.8	0.7	—	—	5
F10 断层及影响带	左岸	微新	碎裂结构		—	—	0.8	0.7	—	—	5
		弱风化	碎块状结构		—	—	0.5	0.05	—	—	0.5
	右岸	弱至微新	碎块状结构		—	—	0.5	0.05	—	—	0.5

注：表中灰岩相关参数参照试验值提供，板岩相关参数参照《水力发电工程地质勘察规范》(GB 50287—2006) 及工程经验取值。

4.3.2 主要结构面力学参数

坝址区左、右岸主要裂隙面及软弱结构面的强度参数详见表 4.3.2。

表 **4.3.2** 坝址区结构面力学性质指标地质建议值表

结构面类型	结构面性状	抗剪断强度		变形模量 /GPa	备注
		f'	C'/MPa		
二叠系灰岩层面	岩屑夹泥型层面	0.45	0.05	—	弱风化带内
	一般层面	0.70	0.10	—	无充填或岩屑，有起伏
fj1、fj2 层间剪切带	岩屑充填型	0.65	0.08	—	综合强度
fj3、fj4 层间剪切带	岩屑夹泥型	0.45	0.03	—	综合强度
陡倾裂隙	泥质充填	0.20	0.005	—	黄色黏土夹少量碎石，软塑状（Lp285）
	溶蚀扩张	0.35~0.45	0.05	—	岩屑夹泥
	一般裂隙	0.65	0.08	—	无充填或少量方解石薄片夹泥膜充填
卸荷裂隙	微张	0.35~0.45	0	—	
	张开	0	0	—	
L1、L2 裂隙带	裂隙多紧密或少量方解石薄片或泥膜充填	0.65	0.06	3~4	L1 裂隙带宽约 80cm，L2 裂隙带宽约 30cm
f4、f5 断层带	岩屑、方解石夹泥充填型	0.45	0.05	3~4	

4.4 模型试验设计与制作工艺

4.4.1 模型相似条件及几何比尺

地质力学模型试验必须满足破坏试验的相似要求：①必要条件——几何相似；②决定条件——应力应变关系相似以及地质构造面上抗剪强度相似；③边界条件——荷载相似。在地质力学模型试验中一般取容重相似常数 $C_\gamma=1.0$，用模型材料自重模拟坝体和岩体自重。根据立洲拱坝工程特点及试验任务要求，再考虑试验场地及试验精度等因素，确定立洲拱坝地质力学模型几何比 $C_l=150$，该模型试验采用的相似常数如下。

(1) 几何相似常数：$C_l=150$。

(2) 容重相似常数：$C_\gamma=1$。

(3) 泊松比相似常数：$C_\mu=1$。

(4) 应变相似常数：$C_\varepsilon=1$。

(5) 应力相似常数：$C_\sigma=C_\gamma C_L=150$。

(6) 位移相似常数：$C_\delta=C_l=150$。

(7) 荷载相似常数：$C_F = C_\gamma \cdot C_L^3 = 150^3$。

(8) 变模相似常数：$C_E = C_\sigma = 150$。

(9) 摩擦系数相似常数：$C_f = 1$。

(10) 黏聚力相似常数：$C_c = C_\sigma = 150$。

4.4.2　模拟范围

在确定地质力学模型模拟范围时要考虑的因素：横河向不产生边界约束，以致影响模型坝肩及抗力体破坏失真，且必须将左右岸断层、层间剪切带及长大裂隙等对坝肩稳定有重要影响的不利地质构造考虑在内；顺河向边界主要考虑大坝上游便于安装加压及传压系统，下游以大于 2 倍坝高以上为限[60,61]。在此原则下确定立洲拱坝地质力学模型的模拟范围如下。

(1) 顺河向边界：上游边界离拱冠上游坝面 30m；下游边界离拱冠上游坝面 360m，大于 2 倍坝高，最终顺河向模拟总长度为 390m。

(2) 横河向边界：拱坝中心线往左、右岸各 210m，横河向模拟总宽度为 420m。

(3) 竖直向边界：模型基底高程为 1850m，建基面高程为 1960m，坝基模拟深度为 110m，大于 2/3 倍坝高；两岸山体模拟至 2150m，高出坝顶高程 58m，大于 1/3 倍坝高，竖直向模拟高度总计达 300m。

综上所述，立洲拱坝模型整体尺寸为 2.6m×2.8m×2m(纵向×横向×高度)，相当于原型工程 390m×420m×300m 范围。模型模拟范围平面图详见图 4.1.1。

4.4.3　坝肩(坝基)岩体及地质构造模拟

针对立洲拱坝坝肩(坝基)的地质构造特点，模型对右坝肩及抗力体需重点模拟各类岩体及断层 f4、f5，层间剪切带 fj1~fj4，第 I、III 组节理裂隙等右坝肩稳定的主要控制因素；对左坝肩及抗力体需重点模拟各类岩体及断层 f4、f5，长大裂隙 L1、L2、Lp285，层间剪切带 fj1~fj4，第 I、III 组节理裂隙等坝肩稳定的主要控制因素。另外，在不影响整体力学性态的前提下，对一些地质构造作一定的概化：对各断层除特殊部位外，断层带采用同一种模型材料，按不同厚度模拟，并对断层局部出现扭曲的部分通过概化、调整进行模拟；为了便于模型砌筑，将右坝肩间距较小的 4 条卸荷裂隙 Lp4-x 概化为 2 条等。

4.4.4　模型材料的研制

1. 坝体及垫座模型材料的研制

立洲拱坝坝体混凝土材料容重为 $\gamma_p = 2.4 g/cm^3$，变形模量 $E_p = 24 GPa$，根据相似

关系 $C_\gamma =1$，$C_E=150$，可得模型坝体材料容重为 $\gamma_m=2.4g/cm^3$，$E_m=160MPa$。根据材料试验结果，立洲拱坝及垫座由重晶石粉、石膏粉、水、添加剂等模型材料根据一定的配比整体浇制得到。

2. 岩体及结构面模型材料的研制

坝址区各类岩体、主要断层及裂隙等结构面的力学参数详见表 4.3.1、表 4.3.2，相应的模型材料力学参数详见表 4.4.1 和表 4.4.2。

表 4.4.1　坝址区各类岩体物理力学参数表（模型值）

地层代号	地层岩性	密度/(g/cm³)	风化程度	μ	E_0/MPa	岩/岩			岩/砼	
						f	f'	$c'/10^{-3}MPa$	f'	$c'/10^{-3}MPa$
Pk	厚层状灰岩、大理岩化灰岩	2.6	卸荷岩体		20	—	—	—		
		2.65	弱风化下部	0.25	53.33	0.55	0.8	4	0.80	4
		2.7	微新	0.23	80	0.65	1.2	6.667	1.05	6
D_1yj	极薄、薄层炭硅质板岩	2.67	微新	0.30	27	—	0.8	4.667	—	—
F10 断层及影响带	左岸	2.5	微新		20		0.8	4.667		
			弱风化				0.5	0.333		
	右岸		弱至微新				0.5	0.333		

表 4.4.2　坝址区结构面力学性质指标地质建议值表（模型值）

结构面类型	结构面性状	抗剪断强度		变形模量/MPa
		f'	$c'/10^{-3}MPa$	
fj1、fj2 层间剪切带	岩屑充填型	0.65	0.533	
fj3、fj4 层间剪切带	岩屑夹泥型	0.45	0.2	
陡倾裂隙 L285	泥质充填	0.20	0.0333	
卸荷裂隙	微张	0.35~0.45	0	
L1、L2 裂隙带	裂隙多紧密或少量方解石薄片或泥膜充填	0.65	0.4	20~26.7
f4、f5 断层带	岩屑、方解石夹泥充填型	0.45	0.333	20~26.7

1）岩体模型材料的研制

岩体均为压膜成型材料，材料组成包括重晶石粉、高标号机油、高分子材料，根据岩类力学指标不同，适量掺入添加剂，并按一定的配比制成混合料，再通过压模机压制成不同尺寸的小块体备用。

2）结构面模型材料的研制

坝肩（坝基）中的断层、层间剪切带、裂隙等软弱结构面是影响立洲拱坝与地基变形和整体稳定的主要控制性因素，对应的模型材料主要依据结构面抗剪断强度的相似关系进行选配。先通过大量的材料试验研究，以重晶石粉、机油及高分子材料为主，配制出力学参数满足试验要求的软料，再选用不同材料的薄膜配合使用，以实现对结构面抗剪断强度的相似模拟。

4.4.5　模型坝体及岩体制作和加工

1. 河谷地形及地质构造模拟

模型由横河向、顺河向及沿高程方向三维立体交叉控制。由于立洲拱坝坝址区地质构造比较复杂，在模型开始砌筑前先在模型槽上、下游端墙及左、右侧墙上确定出各控制断面的位置；为了较准确模拟坝址河谷地形和地质构造，本模型另外采用了 9 个典型高程的地质平切图加以控制。

2. 模型坝体制作与加工

立洲拱坝为碾压混凝土双曲拱坝，其体型按比尺 C_L =150 与原型坝体保持几何相似，容重按 C_γ=1 与原型坝体容重相等，整体浇筑的坝体模型总重约 240kg，浇筑时另外准备了两个备用坝坯及垫座，经干燥养护后使用。当模型坝基砌筑至垫座底部高程 1954m 时，先将按设计尺寸制作好的垫座黏结在基坑内，然后依据设计尺寸对模型坝坯的底部精修，再与已黏结好的垫座准确对位随即进行黏结，待坝基面黏结牢固后，再依据设计院提供的资料将坝体精加工至设计体型。

3. 模型坝肩、坝基及抗力体制作与加工

模型坝肩（坝基）各类岩体由不同配比的相似材料根据各自的地质特征制成不同尺寸的块体砌筑得到。块体尺寸通常为 10cm×10cm×(5~7)cm（厚度），而在结构面比较集中的坝肩部位，则选用尺寸为 5cm×5cm×5cm 的小块体，立洲拱坝地质力学模型共用砌块 55000 多块，对于影响坝肩稳定的断层、层间剪切带、节理裂隙等主要结构面依据各自宽度不同采用不同的制模方法，对宽度较大的结构面采用铺填压实法，对宽度小的结构面采用敷填法进行制模。制作完成后的立洲拱坝与地基整体模型详见第 7 章图 7.1.48。

4.5　模型加载及量测系统的布置

4.5.1　模型加载系统

1. 模型荷载及组合

立洲拱坝承受的主要荷载包括水压力、淤沙压力、坝体自重、渗透压力、温

度荷载以及地震荷载等，综合多方面因素，立洲拱坝主要考虑其承受水压力、淤沙压力、自重及温度荷载。在所考虑的这几项荷载中，水压力按大坝上游正常蓄水位 2088m 计，相应下游水位 1985m；淤沙压力按 1985.21m 计；自重通过模型材料的容重与原型相等来实现；温度荷载以温升计，并按当量荷载近似模拟。本模型试验采用的荷载组合为正常工况下的水压力＋淤沙压力＋自重＋温升。

2. 模型加载方式

立洲拱坝地质力学模型试验采用油压千斤顶进行加载，根据坝体荷载分布及分块计算确定试验所需千斤顶数量与规格。本次模型试验中由 WY-300/Ⅷ型 8 通道自控油压稳压装置为千斤顶供压。

根据立洲拱坝荷载分布特点，首先将其承受荷载沿坝高方向分为 4 层，每层油压千斤顶的供油压相等，在此前提下，依据各层荷载大小、拱弧长度及千斤顶出力情况对每层坝体进行分块，并确定各千斤顶的规格和油压。立洲拱坝分为 13 块，由 13 支不同吨位的油压千斤顶各自进行加载，并将各分块的重心位置作为千斤顶的作用点，由 4 个油压通道分层加压控制，再通过传压系统将荷载施加在上游坝面上。立洲拱坝模型上游坝面荷载分块及编号详见第 7 章图 7.1.1。

4.5.2　模型量测系统

地质力学模型试验主要布置坝体与坝肩表面变位 δ、结构面内部相对变位 $\Delta\delta$、坝体应变 ε 三大量测系统。本模型中由于空间有限，且坝体上游侧已布置加压、传压系统，故没有在上游基岩和坝体迎水面布置表面测点。模型表面变位量测系统的布置情况详见第 7 章图 7.1.4。

1. 坝体及坝肩抗力体表面变位量测

坝体及坝肩抗力体表面变位 δ 采用 SP-10A 型数值式位移装置带电感式位移计量测。在坝体下游面 4 个典型高程 2092m、2050m、2000m、1960m 的拱冠及拱端处共布置了 10 个表面变位测点，安装了 19 支表面位移计，主要用来监测坝体的径向、切向和竖向变位。坝体表面变位测点布置情况及位移计编号详见第 7 章图 7.1.2。

在两坝肩及抗力体岩体表面共布置了表面变位测点 45 个，安装表面位移计 86 支，其中左岸布置了变位测点 19 个，安装位移计 38 支，右岸布置了变位测点 26 个，安装位移计 48 支，除了右岸 4 个测点外，其他测点均包括对顺河向和横河向的双向变位量测。坝肩表面变位测点重点布置在软弱结构面，如断层 f5、F10、fj1~fj4 及卸荷裂隙 Lp4-x 等出露处附近，以监测其表面错动情况。左岸变位测点主要布置在 A-A、B-B 两个典型横断面上，右岸变位测点主要布置在 a-a、b-b、 c-c 三个典型横断面上。坝肩表面变位测点布置情况及位移计编号详见第 7 章图 7.1.4。

2. 软弱结构面内部相对变位量测

在影响立洲拱坝坝肩和工程整体稳定的主要结构面上布置内部相对变位测点，共埋设了 42 个内部相对位移计。位移计在断层 f5、f4、裂隙 L1、L2、Lp285 等陡倾角的结构面上按走向单向布置；在倾角较小的层间剪切带 fj1~fj4 上按近横河向和近顺河向双向布置。本试验中，结构面内部相对变位 $\Delta\delta$ 由 UCAM70A 型万能数字测试装置带电阻应变式相对位移计进行量测。各主要结构面上的相对变位的测点布置情况及位移计编号详见第 7 章图 7.1.5～图 7.1.13。

3. 坝体应变量测

立洲拱坝地质力学模型试验采用 UCAM-8BL 型万能数字测试装置进行应变量测，主要目的是获得坝体应变及其变化过程。由于各测点所得到的应变值包括从弹性到塑性直至破坏全过程，而弹性阶段以后坝体材料已经处于非线性阶段，故得到的应变值不能直接换算为坝体应力，但应变随着荷载的变化特征可作为判定坝肩稳定安全系数的重要依据之一。

在坝体下游面 4 个典型高程 2092m、2050m、2000m、1960m 的拱冠及拱端处，共布置了 12 个应变测点，在各测点的水平向、竖直向及 45°方向各布置一张电阻应变片，共计布置了 36 张电阻应变片，应变测点的布置及应变片编号见第 7 章图 7.1.3。

4.6   模型试验方法及步骤

结合立洲拱坝坝址区的实际地质特征以及试验任务要求，对立洲拱坝采用超载法进行破坏试验，目的是通过模型试验得到大坝与地基的变位特征、破坏过程、破坏形态和破坏机理，揭示在天然地基条件下，影响坝与地基整体稳定的薄弱环节和部位，为设计和施工确定较为科学合理的地基加固处理方案提供参考和依据。

模型试验的具体步骤是：先对模型进行预压，再逐步加载至一倍正常荷载，测试在正常工况下坝与地基的工作状况，在此基础上再对上游水荷载进行超载，每级荷载以 $0.2P_0$~$0.3P_0$（P_0 为正常工况下的水荷载）步长增长，测试坝与地基在超载各阶段的变形和破坏情况，直至坝与地基发生大变形，出现整体失稳趋势停止加载。

4.7　主要试验成果及分析

立洲拱坝地质力学模型试验主要获得了五个方面的试验成果：①坝体下游面表面变位典型测点的位移 δ 分布及伴随着荷载倍数的增加而对应的变化过程曲线即 δ-K_p 关系曲线，此处位移包括坝体径向位移 δ_r 和切向位移 δ_p；②坝体下游面应变典型测点的应变 $\mu\varepsilon$ 分布及应变随荷载倍数的增加而对应的变化过程，即 $\mu\varepsilon$-K_p 关系曲线；③两坝肩及抗力体表面变位典型测点的位移 δ 分布及随着荷载倍数的增加而对应的变化过程，即 δ-K_p 关系曲线，此处位移包括横河向位移和顺河向位移；④岩体内部各软弱结构面相对变位测点的相对位移 $\Delta\delta$ 分布及随着荷载倍数的增加而对应的变化过程，即 $\Delta\delta$-K_p 关系曲线；⑤加载过程中模型的变形失稳直至破坏的记录和坝肩最终破坏形态。

4.7.1　坝体变位分布特征

模型试验所得坝体典型测点的变位与超载系数关系曲线如第 7 章图 7.1.14~图 7.1.21 所示，由这些关系曲线可以较为直观地看到坝体切向、径向变位随荷载的变化过程，变位分布总体规律是：坝体下部变位小于上部变位，拱端变位小于拱冠变位，切向变位小于径向变位，符合常规。

(1) 坝体径向变位：在正常工况下，坝体左右半拱径向变位基本对称，总体呈向下游变位，最大径向变位在坝顶 2092m 高程拱冠处，变位值为 21.5mm。在超载阶段，坝体左右半拱上部径向变位基本对称，中下部在超载系数 $K_p \leqslant 4.0$ 以内时径向变位基本趋于对称，在 K_p>4.0~5.0 以后，左拱端变位明显比右半拱变位大，最终坝体左右半拱径向变位呈现不对称现象，在平面内出现顺时针方向的转动，这主要是因为左岸地质构造条件比较复杂、软弱结构面较多，详见第 7 章图 7.1.14~图 7.1.19。

(2) 坝体切向变位：在正常工况下，坝体左右半拱切向变位基本对称，左右拱端均向山体内侧变位，变位值相对较小，其最大切向变位在坝顶▽2092m 拱端处，左拱端最大切向变位值为 3.9mm，右拱端最大切向变位值为 5.9mm。在超载阶段，坝体切向变位值随超载系数的增加而逐渐增大，左右岸变位值基本对称，详见第 7 章图 7.1.20。

(3) 坝体竖向变位：坝体竖向变位总体较小。正常工况下，坝体竖向变位整体向下；在超载阶段后期，拱冠呈现上抬趋势，这种变位特征与岩层倾向和断层 f5 的走向有关，详见第 7 章图 7.1.21。

(4) 坝体变位随着外荷载不断增大时的主要变化特征：在 K_p=1.0 时，坝体变位总体较小；在超载阶段，坝体变位随超载系数的增加而逐渐增大，在 $K_p>2.2$ 以后，变位曲线整体发生一定波动，$K_p>3.4\sim4.0$ 以后，坝体变位的变化幅度增大，位移增长速度加快，在 $K_p=6.3\sim6.6$ 时，坝体出现大变形，呈现出失稳趋势。

4.7.2　坝体应变分布特征

坝体下游面的应变符合常规，除了在坝顶 2092m 高程与中下部 2000m 高程拱冠处的个别测点出现拉应变，其余部位均受压，另外左右半拱的应变对称性较好，大部分应变测点的变化规律比较一致，可为判定安全系数提供充分依据，详见第 7 章图 7.1.22~图 7.1.25。

根据坝体应变 $\mu\varepsilon$-K_p 关系曲线可以看出：当 $K_p=1.0$ 时，坝体应变总体较小；在超载阶段，坝体应变随荷载的增加而逐渐增大，当 $K_p=1.4\sim2.2$ 时，应变曲线有微小的转折和拐点，说明此时拱坝上游坝踵附近出现初裂；当 $K_p=3.4\sim4.3$ 时，应变曲线整体出现较大的波动，出现较大的拐点，应变的变化幅度显著增大，此时坝体左半拱发生开裂；此后曲线进一步发展，陆续出现波动或转向，表明坝体裂缝不断扩展；当 $K_p=6.3\sim6.6$ 时，坝体裂纹贯通至坝顶，坝体发生应力释放，逐渐失去承载能力。

4.7.3　坝肩及抗力体表面变位分布特征

左右坝肩及抗力体表面各测点顺河向总体呈现向下游的变位规律，只有下游远端靠近 F10 的局部测点有向上游变位的情况，位移值以拱端附近最大，并向下游逐步递减。横河向位移总体趋向河谷，部分测点有向山里变位的情况。左坝肩表面变位沿高程方向的分布为：中上部高程较大，尤其以 fj3 附近及 fj2、fj3 之间的岩体表面变位值最大，其次是坝肩上部的 fj4 附近的岩体表面变位值相对较大；断层 f5 离拱端较近，其表面出露处变位值相对较大。右坝肩表面变位沿高程方向的分布为：上部高程较大，尤其以 fj3、fj4 附近的岩体表面变位值最大，卸荷裂隙 Lp4-x 在顶部 2150m 边界层面出露处的测点变位值较小，断层 F10 远离拱端，主要发生挤压变形，其表面出露处测点的变位值较小。左坝肩典型测点表面位移变化过程详见第 7 章图 7.1.26~图 7.1.33，右坝肩典型测点表面位移变化过程详见第 7 章图 7.1.34~图 7.1.39。

根据左右坝肩及抗力体各测点表面变位与超载关系曲线可以看出，大部分测点的表面变位值随超载倍数的增大发生相应的变化，且具有规律性和相似性，其主要变形特征为：当 $K_p=1.0$ 时，变位值均较小，无异常现象；当 $K_p>2.0$ 以后，大部分变位曲线陆续出现转折或拐点，随着荷载的增大，变位值逐步增大，其中左岸测点的变位变化幅度较大，而右岸变位的变化幅度相对较小；当 $K_p>4.0$ 以后，变位曲线的变化幅度加大，变位值增长更为迅速，特别是靠近拱端附近的测点和断层 f5 在左拱端附近出露处的测点变位增长较快，坝肩岩体出现较大的变形；当 K_p=6.3~6.6 时，坝肩岩体表面裂缝不断扩展并相互贯通，整个工程出现变形失稳趋势。

4.7.4　主要结构面相对变位分布特征

根据立洲拱坝坝肩(坝基)地质构造特征，本次地质力学模型重点模拟了断层 f4、f5，裂隙 L1、L2、Lp285，层间剪切带 fj1~fj4 等结构面，并在其中埋设了 42 个内部相对位移计，测得各结构面上的相对变位与超载系数关系曲线，如第 7 章图 7.1.40~图 7.1.47 所示。

左坝肩主要结构面包括断层 f5、f4，裂隙 L1、L2、Lp285，层间剪切带 fj1~fj4 等。各结构面的相对位移分布特征为：断层 f5 倾向下游，在拱推力作用下向下游发生相对错动，其相对变位值远大于其他结构面，尤其是位于坝肩中部 2020~2040m 高程变位最大；裂隙 Lp285、L2 在左坝肩中部抗力体内相互切割，使该部位坝肩抗力体完整性比较差，结构面均在拱推力作用下向下游发生相互错动，产生较大的相对变位；裂隙 L1 位于左坝肩上游岩体内，沿结构面主要产生拉裂破坏，产生的相对错动变位较小；f4 在左坝肩位于坝肩下部及坝基岩体内，相对变位较小；fj1~fj4 共 4 个层间剪切带均倾向下游，其中 fj1、fj2 位于河床附近，fj3、fj4 位于坝顶附近，在荷载作用下，层间剪切带发生向下游的顺河向变位和向河谷的横河向变位，其中左岸的相对变位稍大于右岸的相对变位；fj2、fj3 之间及 fj3、fj4 附近的岩体表面变位较大，其相对变位曲线在超载过程中发生了较大的波动和拐点，在 fj3、fj4 出露处沿结构面有贯通性裂缝产生，以及在 fj2 与 fj3 之间的岩体表面有大量裂缝生成；断层 f5、裂隙 L2、Lp285 以及层间剪切带 fj2~fj4 对左坝肩的变形和稳定影响较大，L1 和断层 f4 影响相对较小。

右坝肩主要结构面包括断层 f4、卸荷裂隙 Lp4-x、层间剪切带 fj1~fj4 等。各结构面的相对位移分布特征为：f4 在右坝肩位于坝顶拱端下游边坡内，相对变位较大，其变位曲线出现拐点的时间也较早；卸荷裂隙 Lp4-x 表面变位值较小，在试验阶段没有发生破坏，但其发育在断层 f4 附近，伴随着 f4 的滑动也会产生相应的变形，因此对坝肩的变形和稳定也有一定影响；层间剪切带 fj3、fj4 附近的岩体变位值相对较大，其相对变位曲线发生了明显的波动或拐点，在 fj3 的出露处沿结构面有贯通性裂缝产生，以及在 fj3、fj4 附近的岩体表面出现多条裂缝，因此断层 f4、fj3、fj4 对右坝肩及抗力体的变形和稳定影响较大。

从附图各结构面相对变位与超载系数关系曲线来看，当 K_p=1.0 时，各断层内部相对变位较小，随着荷载的增加，变位值逐渐增大；当 K_p=3.0~4.0 时，大部分测点的相对变位发生明显波动，产生大变形，此后变位的变化幅度明显增大，结构面产生较大的相对错动，出现不稳定的趋势。

4.7.5　模型破坏过程及最终破坏形态

1. 模型破坏过程

模型坝肩及抗力体的破坏过程主要依据试验现场观测记录、坝体表面变位 δ 与坝体应变 ε、坝肩及抗力体表面变位 δ、各主要结构面相对变位 $\Delta\delta$ 等综合得出。模型最终破坏形态详见第 7 章图 7.1.50~图 7.1.53，破坏过程如下。

(1) 当 K_p=1.0 时，大坝变位及应变正常，两坝肩岩体位移变化正常。

(2) 当 K_p=1.4~2.2 时，大坝应变及变位出现波动，但变幅较小，两坝肩部分测点变位曲线出现转折，表明在该阶段坝踵附近有初裂。

(3) 当 K_p=2.2~3.4 时，坝体应变及大坝、坝肩大部分测点变位继续增大，发展正常，两坝肩及抗力体裂缝逐渐增多：fj4、fj3、L2、L1、Lp285、f5 在左坝肩上游出露处陆续发生开裂，逐渐扩展直到左岸坝踵附近裂缝自上到下贯通；右坝肩上游坝踵附近裂缝自 1990m 高程向上沿节理裂隙方向扩展至 2100m 高程，并先后与 fj3、fj4 相交；同时左岸坝顶拱肩槽的上下游侧和右岸坝顶拱间槽的下游侧均出现竖向裂缝，并沿节理向下扩展。

(4) 当 K_p=3.4~4.3 时，坝体应变曲线出现较大波动，变化幅度显著增大，此时左半拱下游坝面发生开裂，裂缝起裂于 2040m 高程左拱端，并向上延伸。左坝肩 f5 出露处的裂缝沿结构面不断扩展延伸并与 fj3 相交，下游侧的 fj3、fj4 在出露处开裂后，沿结构面向下游扩展。右坝肩下游侧的 fj3 在出露处开裂，沿结构面向下游扩展，坝顶拱肩槽下游侧的裂缝继续向下扩展并与 fj3 相交，上游坝踵附近的裂缝上下贯通。

(5) 当 K_p=4.3~6.3 时，坝体左半拱裂缝继续向上部延伸，最终开裂至坝顶约 1/2 左弧长附近；右半拱在 f5 与坝体交汇的坝趾处出现一条裂缝，并逐渐向上扩展。两岸坝肩及抗力体裂缝继续发展延伸，明显增多，左坝肩下游 fj2 ~ fj3 有大量沿节理方向发展的裂缝产生，左右岸 fj3、fj4 之间出现多条竖向裂缝与两层间剪切带相互交汇。

(6) 当 K_p=6.3~6.6 时，左半拱裂缝由下游坝面贯通至上游坝面；右半拱裂缝向上扩展至 2043m 高程。两坝肩中上部岩体破坏严重，尤其是左坝肩下游侧 f5、fj3、fj4 在出露处的裂缝沿结构面贯通，以及 fj2~fj4 之间的岩体表面有大量裂缝生成，在右坝肩下游侧 fj3 出露处有沿结构面的贯通性裂缝产生，以及 fj3、fj4 附近的岩体表面有多条裂缝出现，两坝肩岩体表面裂缝相互交汇、贯通，拱坝与地基呈现出整体失稳趋势。

2. 最终破坏形态及特征

1) 拱坝破坏形态及特征

拱坝最终破坏形态见第 7 章图 7.1.50，坝体先后出现 2 条裂缝：首先是左半拱在下游坝面 2040m 高程处发生开裂，最终扩展至左半坝顶约 1/2 弧长处，并由下游坝面贯穿至上游坝面，这条裂缝的产生主要是因为受左坝肩复杂地质条件的影响，f5、L2 与 Lp285 在该部位的坝肩内相互切割，并在拱肩槽附近出露，从而在拱端造成应力集中；超载阶段后期，右半拱在建基面 f5 与坝体交汇的坝趾处出现另一条裂缝，并逐渐向上发展至 2043 m 高程，但未贯穿至上游坝面，这条裂缝的产生主要是因为断层 f5 上下盘相互错动。

2) 左坝肩破坏形态及特征

左坝肩破坏范围较大，且破坏程度较严重，见第 7 章图 7.1.51，最终破坏形态为：顺河向开裂破坏范围自坝顶拱端向下游延伸约 81m，坝肩中上部 2020~2110m 高程范围内岩体破坏严重，尤其是各结构面出露处及其附近岩体破坏最为严重，断层 f5 在出露处破坏严重，裂缝从 2050m 高程至 1990m 高程沿结构面完全贯通，并向上扩展至坝顶与层间剪切带 fj3、fj4 相交，层间剪切带 fj3、fj4 在出露处破坏严重，裂缝沿结构面自拱端向下游延伸约 75m，并向上延伸约 40m，在 fj2~fj4 之间岩体表面有大量裂缝产生，拱坝上游侧裂隙 L2、Lp285 及 L1 在出露处拉裂破坏严重，裂缝沿结构面出现、扩展并相互贯通，向下扩展至坝底，向上扩展至坝顶，并与 fj3、fj4 相交。

3) 右坝肩破坏形态及特征

右坝肩破坏范围及破坏程度相对左坝肩较轻，见第 7 章图 7.1.52，其最终破坏形态为：顺河向开裂破坏范围沿坝顶拱端向下游延伸约 57m；层间剪切带 fj3 在出露处破坏严重，裂缝沿结构面自拱端向上游延伸约 32m，向下游延伸约 57m；fj4 在坝肩上游侧出露处开裂并向上延伸至 2120m 高程；在 fj3、fj4 附近的岩体表面有多条裂缝产生；拱坝上游坝踵附近有大量沿节理方向发展的裂缝产生，裂缝由坝底向上扩展至坝顶，并相互贯通。

4) 建基面破坏形态

拱坝建基面最终破坏形态见第 7 章图 7.1.53，上游侧开裂破坏严重，坝踵附近的裂缝从左岸贯通至右岸；建基面下游侧破坏相对较轻。

3. 拱坝与地基整体稳定安全度评价

立洲拱坝与地基的整体稳定安全度主要根据变位与超载关系曲线、应变与超载关系曲线的波动、拐点、增长幅度、转向等特征以及现场记录来确定。

(1)起裂超载安全系数 K_1=1.4~2.2，此时上游坝踵附近出现初裂，坝体应变曲线、变位曲线相继出现波动，部分坝肩岩体的表面变位曲线出现转折和拐点。

(2)非线性变形超载安全系数 K_2=3.4~4.3，此时左半拱发生开裂，并向上逐渐扩展；坝体应变出现较大的波动和拐点；大部分软弱结构面的相对变位发生明显的波动，产生大变形；坝肩岩体表面裂缝不断扩展、明显增多，各软弱结构面相继在出露处沿结构面发生开裂、延展。

(3)极限超载安全系数 K_3=6.3~6.6，此时坝体左半拱的裂缝已扩展至坝顶，并从下游坝面贯通至上游坝面，坝体出现应力释放；坝肩与坝基岩体的表面裂缝相互交汇、贯通，坝体、坝肩抗力体及软弱结构面出现变形不稳定状态，拱坝与地基逐渐失去承载能力，呈现出整体失稳的趋势。

综上所述，拱坝与地基整体稳定的超载安全系数为：起裂超载安全系数 K_1=1.4~2.2；非线性变形超载安全系数 K_2=3.4~4.3；极限超载安全系数 K_3=6.3~6.6。

第5章 坝肩稳定加固方案研究

5.1 有限元分析基本原理

5.1.1 有限元分析的基本过程

岩体作为高抗压、低抗拉和抗剪的材料，其应力-应变关系呈现复杂的非线性特征。在荷载作用下，材料非线性及几何非线性问题都是不可避免的，且常常同时存在，但几何非线性的研究比较复杂，对岩体材料来说，一般采用材料非线性有限元方法进行计算，有限元分析的基本过程如下。

1) 平衡方程

弹性有限元平衡方程的形式为

$$[K]\{\delta\} = \{F\} \tag{5.1.1}$$

式中，$\{F\}$ 为荷载矢量列阵；$[K]$ 为总刚度矩阵；$\{\delta\}$ 为位移矢量列阵。

总刚度矩阵 $[K]$ 由单刚度矩阵累加求取，引入边界条件，求解式 (5.1.1) 即得节点位移矢量 $\{\delta\}$。

2) 几何方程

求得节点位移矢量 $\{\delta\}$ 后，可由式 (5.1.2) 求得单元节点的应变 $\{\varepsilon\}$：

$$\{\varepsilon\} = [B]\{\delta\} \tag{5.1.2}$$

式中，$\{\varepsilon\}$ 为应变列阵；$[B]$ 为几何矩阵；$\{\delta\}$ 为位移列阵。

3) 物理方程——弹性本构关系

单元的应力-应变关系根据物理方程为

$$\{\sigma\} = [C]\{\varepsilon\} \tag{5.1.3}$$

式中，$\{\sigma\}$ 为应力列阵；$\{\varepsilon\}$ 为应变列阵；$[C]$ 为本构矩阵，取决于介质的杨氏模量 E 和泊松比 μ，对于平面应变问题，则

$$[C] = \frac{E}{(1+\mu)(1-2\mu)} \begin{Bmatrix} 1-\mu & \mu & \mu & 0 \\ \mu & 1-\mu & \mu & 0 \\ \mu & \mu & 1-\mu & 0 \\ 0 & 0 & 0 & \frac{1-2\mu}{2} \end{Bmatrix} \qquad (5.1.4)$$

　　弹塑性问题研究系统的应力和变形需要根据力的平衡关系、变形的几何关系和材料的物理关系联合求解[10]。由于弹塑性材料和线弹性材料一样，都属于小变形问题，因而形函数的选取、刚度矩阵及应变矩阵的形式都是相同的，不同的只是在于刚度矩阵是按弹塑性来进行计算。其中，平衡关系和几何关系并不涉及材料的力学性质，所以与弹性力学中是一样的，不同的是塑性状态下材料的本构方程，因此弹塑性材料的非线性是由本构关系的非线性引起的。

5.1.2　岩体本构关系

　　材料非线性从总体特征上又可以分为两种类型：一种是非线性弹性，如图 5.1.1 所示，应变仅随应力大小而改变，而与加荷应力路径无关，是可逆过程；另一种是非线性弹塑性，如图 5.1.2 所示，对于非线性弹塑性材料，其变形与荷载的大小以及加载的应力路径两者均有关，为非可逆过程。岩体材料的应力应变关系表现出强烈的非线性弹塑性特征，因而在计算中常常把岩石看成弹塑性材料，达到屈服极限之前视为线弹性，屈服极限之后则表现出一定的塑性[62,63]。

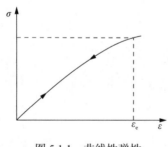

图 5.1.1　非线性弹性

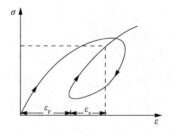

图 5.1.2　非线性弹塑性

1. 弹性本构模型

岩体材料在弹性状态时的本构关系为

$$\{\sigma\} = [\sigma_x \quad \sigma_y \quad \sigma_z \quad \tau_{xy} \quad \tau_{yz} \quad \tau_{zx}] = [D_e][B]\{\delta^e\} - [D_e]\{\varepsilon_0^e\} + [\sigma_0] \qquad (5.1.5)$$

式中，$[D_e]$ 为弹性矩阵；$[B]$ 为几何矩阵；$\{\delta^e\}$ 为单元位移列阵；$\{\varepsilon_0^e\}$ 为单元初应变列阵；$\{\sigma_0\}$ 为初应力矩阵。

对于各向同性体，弹性矩阵[D_e]的表达式为

$$[D_e] = \frac{E(1-\mu)}{(1+\mu)(1-2\mu)} \begin{bmatrix} 1 & \dfrac{u}{1-u} & \dfrac{u}{1-u} & 0 & 0 & 0 \\ \dfrac{u}{1-u} & 1 & \dfrac{u}{1-u} & 0 & 0 & 0 \\ \dfrac{u}{1-u} & \dfrac{u}{1-u} & 1 & 0 & 0 & 0 \\ 0 & 0 & 1 & \dfrac{1-2u}{2(1-u)} & 0 & 0 \\ 0 & 0 & 0 & 0 & \dfrac{1-2u}{2(1-u)} & 0 \\ 0 & 0 & 0 & 0 & 0 & \dfrac{1-2u}{2(1-u)} \end{bmatrix} \tag{5.1.6}$$

2. 弹塑性本构模型

弹塑性增量型本构关系式为

$$d\sigma = [D_{ep}]d\varepsilon \tag{5.1.7}$$

按照塑性流动法则，弹塑性矩阵[D_{ep}]的表达式为

$$[D_{ep}] = [D_e] - [D_p] \tag{5.1.8}$$

$$[D_p] = \frac{[D_e]\left\{\dfrac{\partial g}{\partial \sigma}\right\}\left\{\dfrac{\partial \varphi}{\partial \sigma}\right\}^{T}[D_e]}{A + \left\{\dfrac{\partial \varphi}{\partial \sigma}\right\}^{T}[D_e]\left\{\dfrac{\partial g}{\partial \sigma}\right\}} \tag{5.1.9}$$

式中，[D_e]为弹性矩阵；[D_p]为塑性矩阵；g、φ 为塑性势及屈服函数；A 为应变硬化参数（ $A = -\left\{\dfrac{\partial \varphi}{\partial h}\right\}\left\{\dfrac{\partial g}{\partial I_1}\right\}$ ，当 $A>0$ 时应变硬化，当 $A<0$ 时，应变软化）。

塑性矩阵的具体形式是

$$[D_p] = \frac{1}{S_0} \begin{bmatrix} S_1^2 & S_1S_2 & S_1S_3 & S_1S_4 & S_1S_5 & S_1S_6 \\ S_1S_2 & S_2^2 & S_2S_3 & S_2S_4 & S_2S_5 & S_2S_6 \\ S_1S_3 & S_2S_3 & S_3^2 & S_3S_4 & S_3S_5 & S_3S_6 \\ S_1S_4 & S_2S_4 & S_3S_4 & S_4^2 & S_4S_5 & S_4S_6 \\ S_1S_5 & S_2S_5 & S_3S_5 & S_4S_5 & S_5^2 & S_5S_6 \\ S_1S_6 & S_2S_6 & S_3S_6 & S_4S_6 & S_5S_6 & S_6^2 \end{bmatrix} \tag{5.1.10}$$

式中

$$S_i = D_{i1}\bar{\sigma}_x + D_{i2}\bar{\sigma}_y + D_{i3}\bar{\sigma}_z \quad (i = 1, 2, 3)$$

$$S_i = G\bar{\tau}_{kj} \quad (kj = xy, yz, zx; \ i = 4, 5, 6)$$

$$S_0 = S_1\bar{\sigma}_x + S_2\bar{\sigma}_y + S_3\bar{\sigma}_z + S_4\bar{\tau}_{xy} + S_5\bar{\tau}_{yz} + S_6\bar{\tau}_{zx}$$

5.1.3　屈服准则

目前 M-C 准则和 D-P 准则是岩土工程领域采用较为广泛的准则，虽然前者能较真实地反映岩土的破坏模式，而且与试验数据吻合度较高，但是屈服面在空间呈六棱锥，屈服面存在尖点，这在数值计算中存在严重的收敛问题。所以 D-P 准则在 Mises 准则的基础上被提出，其优点在于消除了 M-C 准则的屈服面的不光滑性。D-P 准则的判别公式如下。

$$F = \alpha I_1 + \sqrt{J_2} - k \tag{5.1.11}$$

式中，I_1 为应力张量的第一不变量，$I_1 = \sigma_x + \sigma_y + \sigma_z$；$J_2$ 为偏应力张量的第二不变量；

$$J_2 = \frac{1}{3}[(\sigma_x - \sigma_y)^2 + (\sigma_y - \sigma_z)^2 + (\sigma_z - \sigma_x)^2] \tag{5.1.12}$$

α、k 分别为与岩体材料摩擦系数 $\tan\varphi$ 和黏聚力 c 相关的某一常数，其值按式 (5.1.13) 计算。

$$\begin{cases} \alpha = \tan\varphi \Big/ \sqrt{9 + 12\tan^2\varphi} \\ k = 3c \Big/ \sqrt{9 + 12\tan^2\varphi} \end{cases} \tag{5.1.13}$$

在有限元计算中弹塑性矩阵 D_{ep} 可表达为

$$D_{\underset{\sim}{ep}} = D_{\underset{\sim}{}} - (1-r)D_{\underset{\sim}{p}} \qquad (5.1.14)$$

$$D_{\underset{\sim}{p}} = D_{\underset{\sim}{}}\left\{\frac{\partial F}{\partial \underset{\sim}{\sigma}}\right\}\left\{\frac{\partial F}{\partial \underset{\sim}{\sigma}}\right\}^{\mathrm{T}} D_{\underset{\sim}{}} \bigg/ \left(A + \left\{\frac{\partial F}{\partial \underset{\sim}{\sigma}}\right\}^{\mathrm{T}} D_{\underset{\sim}{}}\left\{\frac{\partial F}{\partial \underset{\sim}{\sigma}}\right\}\right) \qquad (5.1.15)$$

式中，$D_{\underset{\sim}{}}$、$D_{\underset{\sim}{p}}$ 为弹性与塑性本构阵；F 为屈服函数；A 为材料硬化参数。

$$r = \begin{cases} 1 & \text{弹性区单元或卸载单元} \\ 0 & \text{塑性区单元} \\ \dfrac{-F}{F'-F} & \text{加载前}F<0\text{,加载后}F'>0\text{即过渡区单元} \end{cases} \qquad (5.1.16)$$

5.1.4　ANSYS 软件简介及基本原理

计算机技术的日益进步使得有限元计算越来越广泛地应用在现代工程中，在许多领域出现了大型商用有限元计算软件，目前最常用的有 ANSYS、NASTRAN、MARC、ADINA、SAP、I-DEAS 等。美国 ANSYS 公司的大型通用有限元计算软件 ANSYS 具有功能极为强大的计算分析能力，在房屋建筑、桥梁、大坝、隧道以及地下建筑物等工程领域中得到了大力推广和广泛应用，能够分析研究各类结构在外荷载条件下的受力、变形、稳定性及各种动力特性，为对工程进行较为客观的分析提供更为精确的方法。

ANSYS 软件进行计算分析主要包括三个模块：①前处理模块；②分析计算模块；③后处理模块。前处理模块提供了一个强大的实体建模及网格划分工具，用户可以按照自己的需要构造有限元模型；分析计算模块包括结构分析、流体动力学分析、电磁场分析、声场分析、压电分析以及多物理场的耦合分析，可模拟多种物理介质的相互作用，具有灵敏度分析及优化分析能力；后处理模块则可将计算结构以彩色等值线、梯度、矢量、粒子流迹等图形方式显示出来，同时可将计算结果以图表、曲线形式显示或输出[64~67]。

5.2　数值计算模拟范围及结构离散

为验证立洲拱坝三维地质力学模型试验结果，本节以拱坝与地基整体稳定性为研究对象，通过 ANSYS 大型通用有限元软件进行三维非线性有限元计算分析。参考立洲拱坝地质力学模型试验的模拟范围，考虑有限元模拟时使结构能够自由受力等因素，确定立洲拱坝三维有限元计算模型模拟范围为：从河床坝底中心算起，向上游延伸200m，约1.5倍坝高；向下游延伸300m，约2.3倍坝高；建基面以下延伸300m，约2.3倍坝高；左岸坝肩自中心线算起，向左延伸150m，约1.1倍坝高；右岸坝肩自中心线算起，向右延伸150m，约1.1倍坝高。

为了与模型试验进行对比分析，在数值计算中，岩体和主要软弱结构面的力学参数、坝体所承受的荷载与模型试验中一致。对右坝肩及抗力体重点模拟各类岩体及断层 f4、f5，层间剪切带 fj1~fj4 等控制坝肩稳定的主要因素；对左坝肩及抗力体重点模拟各类岩体及断层 f4、f5，长大裂隙 L1、L2、Lp285，层间剪切带 fj1、fj2、fj3、fj4 等控制坝肩稳定的主要因素，并在建模时进行一定简化。计算基本参数见表 4.1.1 和表 4.1.2。

模型的单元剖分在 ANSYS 软件中进行，坝体采用 solid65 单元，岩体采用 solid45 单元，整个模型离散单元总数为 34826 个，节点总数为 15362 个(其中坝体 1392 个)。划分好的整体三维计算网格图和坝体有限元网格图分别如图 5.2.1 和图 5.2.2 所示。计算中采用材料类型为弹塑性，并以 D-P 准则为屈服准则。模型左右两岸边界施加垂直河向约束，底面三向固定约束，上、下游边界施加顺河向约束。计算中采用的直角坐标系为：X 轴指向左岸为正，Y 轴指向下游为正，Z 轴铅直向上为正。计算工况与模型试验相同，即正常蓄水位+淤沙+自重，研究坝与地基在正常运行状态下的工作性态及超载特性。

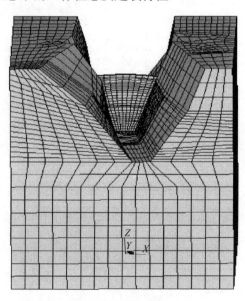

图 5.2.1　三维网格图

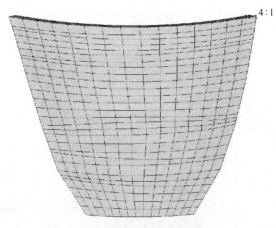

图 5.2.2　拱坝三维有限元模型

5.3　天然地基方案有限元计算成果分析

5.3.1　坝体位移分布特征

拱坝在正常工况和超载情况时，下游面变位云图见第 7 章图 7.2.6~图 7.2.11。对于坝体的分析，取下游面 1960m、1993m、2026m、2059m、2092m 共五个典型高程的拱冠及左右拱端各 3 个特征点，拱坝特征点的径向、切向位移见表 5.3.1、表 5.3.2，超载关系曲线详见第 7 章图 7.2.12~图 7.2.17。

表 5.3.1　1K_p 时坝体不同高程切向、径向位移

高程/m	切向位移/mm			径向位移/mm		
	左拱端	拱冠	右拱端	左拱端	拱冠梁	右拱端
2092	1.20	−14.46	−1.55	2.28	52.73	2.53
2059	1.63	−7.14	−1.49	2.74	41.53	2.50
2026	1.07	−1.46	−1.14	2.65	28.22	2.59
1993	1.11	−0.01	−1.14	3.33	16.40	3.15
1960	0.76	0.14	−0.55	3.11	4.14	2.74

通过分析以上图表，可以得出总体规律如下：拱坝坝体下部位移小于上部位移，拱端位移小于拱冠位移，切向位移小于径向位移，左右拱端亦是，坝体左右半拱变位总体上对称性较好。

（1）坝体径向变位。坝体径向变位整体趋向下游。在 $K_p=1.0$ 时，坝体最大径向变位出现在坝顶左半拱靠近拱冠梁的部位，其值为 58.0mm，坝体左右半拱径向

表 5.3.2　6K_p 时坝体不同高程切向、径向位移

高程/m	切向位移/mm			径向位移/mm		
	左拱端	拱冠	右拱端	左拱端	拱冠梁	右拱端
2092	5.99	−17.11	−8.39	18.57	159.47	19.42
2059	13.47	−12.37	−13.78	39.34	186.14	32.42
2026	14.41	−3.51	−14.58	48.43	156.60	41.05
1993	12.07	−0.24	−12.70	46.10	106.21	41.54
1960	4.84	0.69	−3.66	30.97	36.69	25.61

变位基本对称，拱端最大径向变位均出现在坝体中下部，但变位值远小于拱冠变位，总体来说左拱端径向变位比右拱端大。随着超载倍数的增加，坝体径向位移继续增大，拱冠增幅大于拱端增幅，位移分布特征与正常工况下相同。当 $K_p>4.0$ 以后，拱冠最大径向位移由坝顶下移至坝体中上部高程，如第 7 章图 7.2.17 所示，其余位移分布规律与正常工况下相同，位移荷载曲线在 $K_p=6.0\sim7.0$ 时出现了拐点。

(2) 坝体切向变位。切向变位值远小于径向变位，坝体左右半拱切向变位分布总体上接近对称。上下游坝面左右拱端附近在坝体中上部分别向中腹区域变位，而在坝体中下部则分别向两岸山里变位。在 $K_p=1.0$ 时，坝体下部左右拱端变位比拱冠大，而在中上部相反。拱冠变位上部大于下部，拱端变位则是中上部大于顶部和底部。坝体最大切向变位出现在坝顶高程左半拱中部，最大变位值为 20.2mm。随着超载倍数的增加，坝体切向变位有所增加，左右拱端增加幅度比拱冠大。位移分布规律与正常荷载时相同，左右拱端切向变位接近对称，在顶部比拱冠小，其他部位比拱冠大。

(3) 坝体竖向变位。竖向变位较小，在 $K_p=1.0$ 时，坝体上游面中腹部呈现上抬变位特征，其余部位呈现下沉变位特征；坝体下游面整体呈现下沉变位特征，随着荷载倍数的增大，坝体上抬区域在增大，且上抬和下沉极值亦都在增大。

5.3.2　坝体应力分布特征

正常荷载工况下，坝体第一主应力分布规律为：上、下游坝面左右半拱主应力分布均接近对称。坝体下游面应力基本为压应力，最大压应力出现在下游坝面中下部高程左岸拱端处，值为 –2.37MPa；坝体上游面大部分为较小压应力，拉应力主要分布在拱端与基岩接触区，最大主拉应力为 1.46MPa，出现在上部左拱端，详见第 7 章图 7.2.18~图 7.2.19。坝体第三主应力分布规律为：上、下游坝面左右半拱主应力分布对称性较好，均为压应力，下游面拱端与基岩接触部位应力值较大，往坝体中腹部逐渐减小，坝顶左拱端附近出现了应力集中现象，详见第 7 章

图 7.2.20 和图 7.2.21。随着超载倍数的增大，坝体下游面拉应力区域及拉应力值均增大，最大压应力值也不断增大，最终坝体应力值逐渐超过坝体混凝土允许应力值，坝体失去承载力。

5.3.3　坝肩及抗力体表面位移分布特征

坝肩及抗力体在正常工况下的表面位移云图见第 7 章图 7.2.22 和图 7.2.23。坝肩及抗力体表面顺河向位移变化规律为：总体上向下游变位，仅在两岸上游较远部位岩体浅表层有很小的向上游变位趋势，位移值以拱端附近最大，往上、下游逐步递减，其最大变位值出现在两岸坝肩中部，左坝肩位移值比右坝肩大。横河向位移分布规律为：拱间槽附近部位岩体的变位由于拱推力作用趋向山里，数值较大，离拱间槽较远部位的岩体其变位趋向河谷，数值较小，左坝肩中上部高程变位值较大，右坝肩中下部高程变位值较大。

本书在左右坝肩及抗力体表面共选取了10个特征点，详见第 7 章图 7.2.1，所选特征点的位移随着荷载增加的变化过程见表 5.3.3 和表 5.3.4 及第 7 章图 7.2.24~图 7.2.27。

表 5.3.3　不同荷载下左坝肩特征点横河向、顺河向位移值

超载倍数	UX/mm					UY/mm				
	1	2	3	4	5	1	2	3	4	5
1 K_p	0.61	1.25	1.11	2.05	1.99	2.16	3.78	3.74	3.39	3.15
3 K_p	2.68	4.99	6.33	6.00	5.09	12.66	17.97	20.87	13.61	11.13
5 K_p	4.53	8.30	10.76	9.53	7.80	23.51	32.95	37.96	23.82	18.94
6 K_p	5.45	9.99	13.01	11.21	9.18	29.43	41.04	47.14	29.07	23.05
7 K_p	6.24	11.88	15.68	13.73	11.13	38.15	52.13	59.79	37.74	30.09
8 K_p	7.10	13.60	17.98	15.74	12.71	43.39	59.44	68.04	42.00	32.94

由以上图表分析可知，大部分特征点的变形规律在不同荷载条件下具有一致性，其主要变形特征为：当 K_p=1.0 时，左右岸坝肩及抗力体表面变位均较小，无异常现象，坝肩顺河向变位明显比横河向变位大，距离拱间槽较近的区域变位较大，坝肩变位接近对称，但是左坝肩变位比右坝肩稍大，随着荷载的增加，坝肩及抗力体表面变位增加幅度加大，左坝肩变位比右坝肩大，这是因为影响左坝肩的结构面较多，岩体较为破碎，导致坝体发生偏转；当 K_p=6.0~7.0 时，位移曲线出现显著拐点，表明坝肩岩体即将失稳破坏。

表 5.3.4　不同荷载下右坝肩特征点横河向、顺河向位移值

超载倍数	UX/mm					UY/mm				
	1	2	3	4	5	1	2	3	4	5
1 K_p	−0.46	−1.47	−1.61	−1.60	−1.33	2.74	3.64	2.94	2.76	1.31
3 K_p	−1.43	−6.96	−6.93	−4.98	−4.88	10.02	18.25	15.84	10.42	5.99
5 K_p	−2.37	−11.76	−11.53	−7.56	−7.68	17.80	32.86	28.27	17.58	10.84
6 K_p	−2.84	−14.20	−13.86	−9.10	−9.07	21.99	40.57	34.86	21.69	13.42
7 K_p	−3.13	−17.43	−16.97	−10.89	−10.50	28.85	53.02	45.92	29.63	19.19
8 K_p	−3.61	−20.10	−19.63	−12.48	−11.66	33.64	61.85	53.47	34.20	22.31

5.3.4　主要结构面相对位移分布特征

在立洲拱坝的有限元计算中，主要考虑断层 F10、f5、f4，裂隙 L1、L2、Lp285 以及层间剪切带 fj1~fj4 的影响。本章在对坝体影响较大的左岸结构面 f5、L2、Lp285，右岸断层 f4 共计 4 个结构面选取若干特征点，其分布详见第 7 章图 7.2.2~图 7.2.5。各特征点在不同荷载下的横河向、顺河向位移值见表 5.3.5~表 5.3.8，其位移荷载关系曲线和结构面的位移云图见第 7 章图 7.2.28~图 7.2.41。

表 5.3.5　不同荷载下断层 f5 特征点横河向、顺河向位移值

超载倍数	UX/mm				UY/mm			
	1	2	3	4	1	2	3	4
1 K_p	−0.54	−0.38	0.58	0.53	3.12	2.53	2.19	2.27
3 K_p	−1.62	−1.09	2.62	2.37	11.16	9.08	12.52	12.06
5 K_p	−2.68	−1.80	4.45	4.07	19.85	16.02	23.22	22.30
6 K_p	−3.22	−2.16	5.36	4.93	24.54	19.73	29.04	27.86
7 K_p	−3.69	−2.35	6.03	5.51	31.10	24.93	37.52	35.95
8 K_p	−4.25	−2.72	6.91	6.36	36.37	29.06	44.26	42.34

表 5.3.6　不同荷载下节理 L2 特征点横河向、顺河向位移值

超载倍数	UX/mm				UY/mm			
	1	2	3	4	1	2	3	4
1 K_p	0.92	0.95	1.14	1.11	2.38	2.42	2.57	2.67
3 K_p	2.93	3.37	4.33	4.62	10.06	10.88	11.81	12.45
5 K_p	4.75	5.54	7.29	7.88	17.86	19.37	20.84	21.80
6 K_p	5.66	6.66	8.88	9.59	21.94	23.90	25.58	26.70
7 K_p	6.89	8.17	10.90	11.64	28.61	30.05	32.41	33.14
8 K_p	7.97	9.46	12.70	13.49	33.03	35.00	37.60	38.44

表 5.3.7　不同荷载下节理 Lp285 特征点横河向、顺河向位移值

超载倍数	UX/mm				UY/mm			
	1	2	3	4	1	2	3	4
1 K_p	1.35	1.06	0.76	0.42	2.81	2.38	2.19	1.83
3 K_p	5.09	4.43	3.34	2.17	13.13	11.10	10.49	8.77
5 K_p	8.54	7.55	5.81	3.78	23.28	19.43	18.37	15.31
6 K_p	10.35	9.19	7.10	4.57	28.73	23.80	22.52	18.73
7 K_p	12.99	11.54	8.94	5.61	34.42	28.32	26.78	22.25
8 K_p	15.07	13.40	10.37	6.47	44.98	36.93	34.89	28.98

表 5.3.8　不同荷载下右岸断层 f4 特征点横河向、顺河向位移值

超载倍数	UX/mm				UY/mm			
	1	2	3	4	1	2	3	4
1 K_p	−1.07	−1.24	−0.78	−0.44	2.50	3.01	2.15	1.50
3 K_p	−4.26	−5.03	−3.06	−1.47	11.68	13.01	9.24	6.26
5 K_p	−7.06	−8.53	−5.29	−2.31	20.65	22.85	16.45	10.91
6 K_p	−8.46	−10.26	−6.37	−2.67	25.39	28.03	20.30	13.36
7 K_p	−10.05	−12.51	−7.74	−3.00	32.69	35.93	26.48	17.69
8 K_p	−11.55	−14.51	−9.03	−3.40	38.11	43.48	30.88	20.38

由以上图表可以分析得到以下结论：断层 f5 横贯左右两岸，在河床斜切大坝建基面，相对变位最大，其分布是左坝肩出露处和河床出露处比中下部大；裂隙 Lp285、L2 在左坝肩中部抗力体内相互切割，使该部位坝肩抗力体完整性比较差，相对变位较大，其最大变位发生在交错部位；裂隙 L1 位于左坝肩上游岩体内，中上部变位较大；左岸断层 f4 位于坝肩下部及坝基岩体内，结构面的相对变位较小；f5、Lp285、L2、L1 对左岸坝肩稳定都有较大的影响，f4 影响相对较小；右坝肩断层 f4 位于坝顶拱端下游边坡内，结构面的相对变位较大，对右坝肩的变形和稳定影响较大；断层 F10 距坝肩较远，所以变位较小，并且左坝肩相对变位大于右坝肩，由于受到挤压变形，竖向变位也较大；两岸分布的层间剪切带 fj1~fj4 对左右坝肩的变形和稳定影响有所不同，左岸 fj1~fj4 相对变位普遍大于右坝肩，且以拱端处最大，向下游逐渐减小，尤其以 fj2~fj3 影响最大。

如第 7 章图 7.2.38~图 7.2.41 所示，各结构面相对变位随荷载增大相应的变化特征是：当 K_p=1.0 时，各断层和裂隙的相对变位都比较小，横河向变位要小于顺河向变位；在超载阶段，各特征点的变位均随着超载倍数的增大而显著增大，其分布规律与正常荷载下相同；当 K_p=1.2~2.0 时，位移曲线出现一拐点，表明此后断层变位增幅加大；当 K_p=6.0~7.0 时，位移曲线再次出现很明显的拐点，表明此

时断层裂隙相继出现较大变形，将出现失稳状况。

5.3.5　坝肩（坝基）超载特性及破坏模式和破坏机理分析

本节取不同超载系数下坝肩塑性区破坏图及各典型高程坝肩破坏平切图来分析坝肩坝基的塑性破坏，详见第 7 章图 7.2.42~图 7.2.59。结合坝体、坝肩位移变化规律可知立洲拱坝坝肩超载特性及破坏模式如下。

（1）当 K_p=1.0 时，断层 f5、层间剪切带 fj1~fj4 在左右坝肩出露处出现塑性破坏区，坝肩其他部位岩体及建基面此时没有出现塑性区，典型高程平面岩体内部断层 L2、Lp285、L1 出现小范围塑性区。拱冠梁下游 f5 在建基面以下出现塑性区。

（2）当 K_p=1.2~3.0 时，断层 f5、层间剪切带 fj1~fj4 塑性破坏区进一步扩大，左右岸拱间槽上游坝肩以及左坝肩下游 f5 出露处岩体出现塑性区并进一步扩大范围，坝基在左岸拱间槽上游岩体与河谷交汇的坡脚部位先出现塑性区并向右岸扩展。典型高程平面岩体内部断层 L2、Lp285、L1 塑性区范围变大，塑性应变值继续增大，左坝肩上游岩体出现塑性区并进一步向上下游扩展。拱冠梁上游坝踵出现塑性区并不断向上游和深部扩展。

（3）当 K_p=3.0~4.0 时，坝基塑性破坏区由左岸扩展至右岸，并继续向上下游扩展，建基面中心线 40%处于塑性状态。各典型高程塑性区继续扩大，并与结构面基本贯通，塑性应变值继续增大。

（4）当 K_p=4.0~6.0 时，坝肩坝基塑性区几乎完全贯通，并继续向上下游扩展，左右岸拱间槽出现塑性区并进一步扩大。各典型高程坝肩岩体内部塑性区继续扩大，与下游结构面相互贯通，塑性应变值继续增大。坝踵和坝基浅层拉剪破坏区继续加大。

（5）当 K_p=6.0~7.0 时，塑性区范围进一步扩大，坝肩坝基塑性区完全贯通，建基面中心线几乎全部处于塑性状态，左岸拱间槽出现大量塑性区，fj3、fj4 上下游出露部分全部贯通，典型高程平面内岩体塑性区与结构面贯通，拱冠梁上游坝踵处出现大面积塑性区，坝与地基整体丧失承载能力。最终左坝肩破坏区域比右坝肩大，建基面塑性破坏区主要集中在坝轴线上游。

5.3.6　综合安全度评价

根据有限元计算得到的坝体、坝肩及抗力体、软弱结构面的位移、应力及塑性区等数据和云图的分析，当 K_p=6.0~7.0 时，坝肩坝基塑性区基本贯通，位移与超载关系曲线再次出现明显的拐点，可以判定大坝整体已经失稳，承载能力达到极限状态，确定立洲拱坝与地基整体稳定安全系数为 K=6.0~7.0。

5.3.7　有限元计算与模型试验结果对比分析

本节针对立洲拱坝天然地基下的整体稳定性进行了地质力学模型超载法试验和有限元超载法计算，其模拟范围及主要控制因素的基本条件一致，下面将数值计算成果与试验结果进行对比分析。

1. 坝体位移对比分析

综合比较有限元计算与地质力学模型试验所得的结果，分析认为坝体变位的基本规律一致，只是由于分析方法不同以及计算模拟的断层相对于模型试验还有一定的简化，因而在数值上存在一定的差距，均满足：①坝体径向变位接近对称，且向下游变位，拱端变位小于拱冠变位，下部变位小于中上部变位；②坝体切向变位比径向变位小，左右拱端切向变位往两岸山体里侧；③坝体左右半拱位移较为对称，但随着超载倍数增加，最终左拱端位移比右拱端大。

地质力学模型试验中，正常工况下，坝体最大径向变位出现在坝顶高程拱冠处，其值为 21.5mm。在超载阶段，左拱端变位略大于右拱端，当 $K_p>6.0$ 后，拱坝径向变位增长幅度变大，尤其是左拱端变位增长更为显著，最终坝体左右半拱变位呈现出不对称现象，位移曲线在 $K_p=6.3\sim6.6$ 以后出现了转折点。

有限元数值计算中，正常工况下，坝体径向变位基本对称且向下游变位，坝体最大径向变位出现在坝顶左半拱靠近拱冠梁的部位，其值为 58.0mm。随超载倍数的增加，坝体的径向和切向变位均是中上部比顶部和底部增长更快一些，当 $K_p=4.0$ 以后，坝体最大径向变位由坝顶下移至坝体中上部，位移曲线在 $K_p=6.0\sim7.0$ 出现了明显拐点，最终左拱端变位比右拱端大，坝体出现了偏转。

2. 坝肩及抗力体表面位移对比分析

综合比较有限元计算与地质力学模型试验所得的结果，分析认为两者坝肩及抗力体表面位移的分布及变化规律基本一致。

在地质力学模型试验中，左右坝肩顺河向位移总体向下游变位，只有下游远端靠近 F10 的局部测点有向上游变位的趋势，位移值以靠近拱端处最大，向下游逐步递减。横河向变位总体呈现向河谷的变位规律，只有局部测点在超载初期有向山里变位的情况。由于右坝肩抗力体比左岸完整，因而右岸变位小于左岸变位。当 $K_p=6.3\sim6.6$ 时，岩体表面裂缝不断扩展并相互贯通，出现变形失稳趋势。

在有限元计算中，坝肩及抗力体表面顺河向位移总体上向下游变位，位移值以拱端附近最大，往上、下游逐步递减；左右岸拱间槽附近部位岩体的横河向位移由于拱推力作用趋向山里，上下游离拱间槽较远部位的岩体其横河向变位趋向河谷。总体上左坝肩表面变位大于右坝肩。坝肩表面位移超载曲线在 $K_p=6.0\sim7.0$

时出现显著拐点，表明坝肩即将失稳破坏。

3. 主要结构面相对位移对比分析

在地质力学模型试验中模拟了较多的断层及节理裂隙，为了与有限元计算对比，只分析数值计算中涉及的软弱结构面。左坝肩主要结构面包括：断层 f5、f4，裂隙 L1、L2、Lp285，层间剪切带 fj1~fj4，其中影响较大的是 f5、Lp285、L2、fj2、fj3、fj4。其相对位移具体分布情况是：断层 f5 在左坝肩出露处的表面变位和沿结构面的相对变位均较大；裂隙 Lp285、L2 在左坝肩中部抗力体内相互切割，在交错处产生了较大的相对变位；裂隙 L1 沿结构面主要产生拉裂破坏，产生的相对错动变位较小；f4 在左坝肩位于坝肩下部及坝基岩体内，结构面的相对变位较小；左岸 fj2、fj3 之间及 fj3、fj4 附近的岩体表面变位较大，在出露处均有裂缝产生。右坝肩主要结构面包括：断层 f4、层间剪切带 fj1~fj4，影响较大的是 f4、fj3、fj4。右坝肩 f4 位于坝顶拱端下游边坡内，结构面的相对变位较大；fj3、fj4 附近的岩体变位值相对较大，在 fj3 的出露处及 fj3、fj4 附近的岩体表面均出现裂缝。断层 F10 距坝肩较远，其变位值较小，在试验阶段没有发生破坏或失稳。

地质力学模型试验中，正常工况下各结构面内部相对变位较小，随着荷载的增加，变位值逐渐增大；在超载阶段，大部分软弱结构面的相对变位曲线在 K_p=3.4~4.3 时发生明显的波动，产生大变形，此后测点变位的变化幅度明显增大，结构面产生较大的相对错动，出现不稳定的趋势。

在有限元计算中，正常工况下各断层裂隙的相对变位都比较小，横河向变位要小于顺河向变位。在超载阶段，特征点的相对位移均随着超载倍数的增大而增大，并呈现出下列特征：当 K_p=1.2~2.0 时，变位曲线出现一拐点；当 K_p=6.0~7.0 时，变位曲线再次出现很明显的拐点，表明此时断层裂隙相继出现较大变形，将出现失稳状况。

具体来说，在有限元数值计算中，左坝肩软弱结构面的相对变位情况是：断层 f5 横贯左右两岸，在左坝肩和河床出露处相对变位最大，其次是裂隙 L2、Lp285，其变位最大值出现在相互交错部位，裂隙 L1 中上部变位较大，f4 相对变位较小，总之 f5、Lp285、L2、L1 对左岸坝肩稳定影响较大，f4 影响相对较小。右坝肩主要受 f4 和 fj1~fj4 的影响：f4 相对变位较大，对右坝肩的稳定影响也较大。层间剪切带 fj1~fj4 对两坝肩的影响都较大，左岸 fj1~fj4 相对变位普遍大于右坝肩，且以拱端处最大，向下游逐渐减小，尤其以 fj2~fj3 影响最大。右坝肩层间剪切带倾向河床，以 fj3~fj4 影响最大。断层 F10 远离坝肩，其相对变位值较小。

综合分析地质力学模型试验和有限元计算中各软弱结构面的相对位移分布及变化特征，认为采用两种方法所获得的主要结构面相对位移分布和变化规律基本一致。

4. 坝肩破坏形态和破坏机理对比分析

立洲拱坝地质力学模型试验中，模型破坏过程详细如 4.4.5 节所述，现简要叙述如下。

(1) 当 K_p=1.0 时，大坝变位及应变正常，两坝肩岩体位移变化正常。

(2) 当 K_p=1.4~2.2 时，大坝应变及变位出现波动，但变幅较小，坝踵附近有初裂。

(3) 当 K_p=2.2~3.4 时，两坝肩及抗力体裂缝逐渐增多，fj4、fj3、L2、L1、Lp285、f5 在左坝肩上游出露处陆续发生开裂并进一步扩展；右坝肩上游坝踵附近出现裂缝并扩展至坝顶高程，并先后与 fj3、fj4 相交；同时左岸坝顶拱肩槽的上下游侧和右岸坝顶拱间槽的下游侧均出现竖向裂缝，并沿节理向下扩展。

(4) 当 K_p=3.4~4.3 时，左半拱下游坝面发生开裂并向上延伸。左右坝肩已有裂缝继续沿结构面扩展延伸，同时在下游侧的左岸 fj3、fj4 以及右岸 fj3 在出露处开裂后，沿结构面向下游扩展，右岸上游坝踵附近的裂缝上下贯通。

(5) 当 K_p=4.3~6.3 时，坝体左半拱裂缝继续向上部延伸至坝顶；右半拱坝趾处出现一条裂缝，并逐渐向上扩展。两岸坝肩及抗力体裂缝继续发展延伸，明显增多。

(6) 当 K_p=6.3~6.6 时，左半拱裂缝由下游坝面贯通至上游坝面；右半拱裂缝向上扩展至坝体中部。两坝肩中上部岩体破坏严重，左右坝肩下游侧均有沿结构面的贯通性裂缝产生，在左岸 fj2~fj4、右岸 fj3~fj4 附件的岩体表面有大量裂缝产生，岩体表面裂缝相互交汇、贯通，拱坝与地基呈现出整体失稳趋势。

在非线性有限元计算中，坝体及坝肩的破坏过程简述如下。

(1) 当 K_p=1.0 时，f5、fj1~fj4 在左右坝肩出露处出现塑性破坏区，典型高程岩体内部结构面出现小范围塑性区。拱冠梁下游 f5 在建基面以下出现塑性区。

(2) 当 K_p=1.2~3.0 时，f5、fj1~fj4 出露处塑性区进一步扩大，左右岸拱间槽上游坝肩以及左坝肩下游岩体出现塑性区并进一步扩大范围，坝基在左岸出现塑性区并向右岸扩展。典型高程平面结构面塑性区范围变大，塑性应变值继续增大，左坝肩上游岩体出现塑性区。拱冠梁坝踵出现塑性区并不断扩展。

(3) 当 K_p=3.0~4.0 时，坝基塑性区由左岸延伸至右岸，并继续向上下游扩展，坝肩塑性区进一步扩展，各典型高程塑性区继续扩大，并与结构面基本贯通，塑性应变值继续增大。

(4) 当 K_p=4.0~6.0 时，坝肩(坝基)塑性区几乎完全贯通，左右岸拱间槽出现塑性区并进一步扩展。各典型高程坝肩岩体塑性区继续扩大，与下游结构面相互贯通，塑性应变值继续增大。坝踵和坝基浅层拉剪破坏区继续加大。

(5)当 K_p=6.0~7.0 时，上游坝肩坝基塑性区完全贯通，左岸拱间槽出现大量塑性区，典型高程平面岩体塑性区与结构面贯通，拱冠梁上游坝踵处出现大面积塑性区，坝与地基整体丧失承载能力。最终左坝肩破坏区域比右坝肩大，建基面塑性破坏区主要集中在坝轴线上游侧。

由以上分析可知，地质力学模型和有限元计算中坝肩的破坏过程大致相似，规律基本一致，但是破坏区域要小些，承载能力较强。

5. 综合安全度对比分析

在地质力学模型试验中，根据试验资料及成果分析，拱坝与地基整体稳定的超载安全系数为：起裂超载安全系数 K_1=1.4~2.2；非线性变形超载安全系数 K_2=3.4~4.3；极限超载安全系数 K_3=6.3~6.6。

在有限元数值计算中，根据对计算成果的分析，拱坝与地基整体稳定安全系数 K=6.0~7.0。

综上对比分析，有限元计算成果与模型试验结论基本吻合，充分说明了将模型试验与数值计算两种方法结合起来分析高拱坝的稳定问题可以取得相互补充、相互印证的良好效果。

5.4　立洲拱坝坝肩加固处理方案

立洲拱坝的超载安全系数 K 在多个拱坝工程坝肩稳定超载安全系数的统计分布范围之内，但由于左坝肩地质条件复杂，软弱结构面相互切割，导致坝肩破坏严重，因而建议对立洲拱坝进行坝肩加固处理，尤其应对左坝肩中上部影响坝肩稳定的主要结构面及附近岩体，以及右坝肩上部岩体及主要结构面进行重点加固处理。参考锦屏一级、小湾、大岗山等高拱坝对坝肩的加固处理方案，结合立洲拱坝的地质条件，本节对立洲拱坝坝肩软弱结构面采取混凝土置换加固处理措施，以提高拱坝与坝肩的整体稳定性。通过天然地基下立洲拱坝整体稳定性成果分析，加固处理的结构面主要有左岸 f5、L2、Lp285，右岸 f4。根据加固范围的不同拟定了两个加固方案。方案一处理范围：右岸——上游 1.5~2.0 倍拱端厚度，下游 2.0~3.5 倍拱端厚度，以里 0.6~1.1 倍拱端厚度；左岸——上游 0.6~1.0 倍拱端厚度，下游 2~4 倍拱端厚度，以里 3.5~5.0 倍拱端厚度。方案二处理范围：右岸——上游 1.5~2.0 倍拱端厚度，下游 2.0~3.5 倍拱端厚度，以里 0.6~1.1 倍拱端厚度；左岸——上游 0.6~1.0 倍拱端厚度，下游 2.0~2.5 倍拱端厚度，以里 2.5~3.5 倍拱端厚度。方案一、方案二主要处理范围均位于坝体中部，方案二与方案一相比，右岸处理范围不变，左岸范围相应减小，方案一、二加固范围如图 5.4.1、图 5.4.2 所示。

　　加固处理方案数值模拟范围及单元划分结构离散方式与天然地基方案数值模拟方案相同。

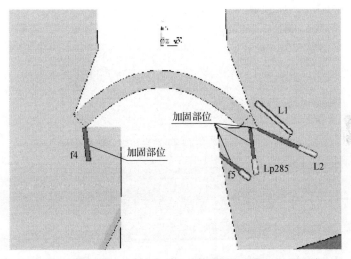

图 5.4.1　方案一加固处理部位示意图

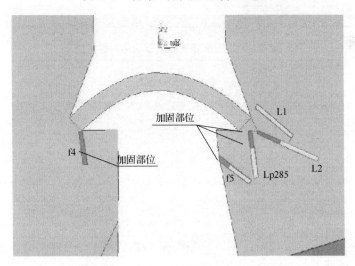

图 5.4.2　方案二加固处理部位示意图

5.5　加固方案同天然地基方案对比分析

5.5.1　加固方案一计算成果分析

1. 坝体位移分布特征

加固方案一中，坝体取与天然地基方案中相同的特征点来分析，特征点变位值见表 5.5.1 和表 5.5.2,特征点的位移超载位移关系曲线如第 7 章图 7.3.7~图 7.3.12 所示，拱坝在 $1K_p$、$6K_p$ 条件下下游面变位分布详见第 7 章图 7.3.1~图 7.3.6。

表 5.5.1　$1K_p$ 时坝体不同高程切向、径向位移

高程/m	切向位移/mm			径向位移/mm		
	左拱端	拱冠	右拱端	左拱端	拱冠	右拱端
2092	1.11	−14.25	−1.48	2.06	50.54	2.35
2059	1.25	−6.90	−1.33	2.38	40.02	2.23
2026	0.82	−1.37	−0.95	2.23	26.94	2.23
1993	0.97	−0.01	−1.00	2.90	15.32	2.79
1960	0.66	0.14	−0.48	2.78	3.69	2.46

表 5.5.2　$6K_p$ 时坝体不同高程切向、径向位移

高程/m	切向位移/mm			径向位移/mm		
	左拱端	拱冠	右拱端	左拱端	拱冠	右拱端
2092	5.39	−16.39	−7.55	16.46	147.21	17.21
2059	11.81	−11.33	−12.15	33.55	167.93	28.49
2026	13.03	−3.08	−12.93	41.24	140.52	36.23
1993	10.79	−0.22	−11.25	39.64	94.22	36.58
1960	4.34	0.65	−3.12	26.80	31.84	22.38

加固方案一中，坝体位移变化规律与天然地基中基本一致，但是左右半拱变位对称性更好，变位值减小：坝体下部位移小于上部位移，拱端位移小于拱冠位移，切向位移小于径向位移，左右拱端亦是。

(1)坝体径向变位。坝体径向变位分布规律与天然地基状态下基本一致，不同的是，在 K_p=1.0 时，坝体最大变位值为 55.89mm。当 K_p=5.0 以后，最大径向变位由坝顶下移至坝体中上部，这种现象在天然地基方案中是在 K_p=4.0 时发生的。位移荷载曲线在 K_p=7.0~8.0 出现了拐点。

(2)坝体切向变位。坝体切向变位值分布规律与天然地基状态下基本一致，不

同的是，在 K_p=1.0 时，坝体最大切向变位值为 20.6mm。当 K_p=3.0~4.0 时，坝体最大切向变位也从顶部下移至中上部。

2. 坝体应力分布特征

加固方案一和天然地基中坝体应力分布和变化规律基本一致，但是坝体上、下游坝面左右半拱主应力分布对称性更好，应力值有所改善，具体表现是：①拱坝第一主应力——最大压应力出现在下游坝面中下部高程左岸拱端处，值为–2.51MPa；最大主拉应力出现在上游坝面上部左拱端，值为 1.00MPa；②拱坝第三主应力——坝体上、下游坝面均为压应力，拱端与基岩接触部位应力较大，在坝顶左拱端附近还是出现了应力集中现象，只是应力值比原始地基方案小。正常工况下，坝体应力云图详见第 7 章图 7.3.13 和图 7.3.14。

随着超载倍数的加大，坝体下游面拉应力区域增大，最大拉应力、压应力也相应增大，最终超过坝体应力允许值，坝体失去承载力。

3. 坝肩及抗力体表面位移分布特征

加固方案一中，坝肩及抗力体在运行工况下的顺河向、横河向位移云图见第 7 章图 7.3.15 和图 7.3.16，坝肩及抗力体表面位移分布和变化规律与天然地基中一致，只是在数值上有所减小，简述如下。

(1)顺河向位移：总体上呈向下游变位趋势，位移值以拱端附近最大，往上、下游逐步递减，最大变位值出现在两岸坝肩拱间槽中部，且左坝肩位移值大于右坝肩。

(2)横河向位移：拱间槽附近岩体的变位由于拱推力作用趋向山里，数值较大，离拱间槽较远的岩体其变位趋向河谷，数值较小。

本方案在左右岸坝肩及抗力体岩体表面选取了与天然地基中相同的特征点，其位移荷载关系曲线见第 7 章图 7.3.17~图 7.3.20，可以看出，超载条件下，大部分特征点的变形规律具有相似性，且与天然地基中基本一致，其主要变形特征是：当 K_p=1.0 时，坝肩表面变位均较小，顺河向变位明显大于横河向变位，左右坝肩变位比较对称，随着荷载的增加，变位增加幅度加大，总体来说左右坝肩变位对称性较好，但是左坝肩比右坝肩稍大，当 K_p=7.0~8.0 时，位移超载关系曲线出现显著拐点，表明坝肩岩体即将失稳破坏。

4. 主要结构面相对位移分布特征

在加固方案一中，f5、L2、Lp285 等结构面在正常荷载下的位移云图见第 7 章图 7.3.21~图 7.3.26。方案一对左岸 f5、L2、Lp285，右岸 f4 等软弱结构面做了加固处理，并在其上选取了与天然地基方案中相同部位的特征点，其位移荷载关系曲线详见第 7 章图 7.3.27~图 7.3.30。

由以上附图分析可知，加固方案一中各软弱结构面内部相对位移的分布规律与天然地基方案中基本一致，只是在数值上有所减小。断层 f5 及裂隙 Lp285、L2 离左拱端较近，右岸 f4 离右拱端较近，其相对变位较大，经过了加固处理之后，断层变位有明显的减小和改善。断层 F10 距坝肩较远，变位较小，没有采取处理措施。两岸分布的层间剪切带 fj1~fj4 对左右坝肩的变形和稳定影响依然存在，但是左右岸坝肩软弱结构面经过处理后，层间剪切带的变位也得到很大改善。

加载过程中，当 K_p=1.0 时，各结构面的相对变位都比较小，随后相对变位均随着荷载的增大而显著增大；当 K_p=1.4~2.0 时位移荷载关系曲线出现一拐点，此后结构面变位增幅加大；当 K_p=7.0~8.0 时，位移曲线再次出现很明显的拐点，表明此时断层裂隙相继出现较大变形，坝肩将出现失稳状况。

5. 坝肩(坝基)超载特性及破坏模式和破坏机理分析

加固方案一中，不同超载系数下坝肩塑性区破坏图及各典型高程坝肩破坏平切图详见第 7 章图 7.3.31~图 7.3.46，结合坝体、坝肩位移变化规律可知立洲拱坝坝肩超载特性及破坏模式，简述如下。

(1)当 K_p=1.0 时，断层 f5、层间剪切带 fj1~fj4 坝肩出露处出现少量塑性破坏区，典型高程岩体内部断层 L2、Lp285、L1 出现小范围塑性区。

(2)当 K_p=1.2~3.0 时，f5、fj~1fj4 塑性破坏区进一步扩大，左右坝肩上游出现小面积塑性破坏区，坝基在左岸拱间槽上游岩体与河谷交汇的坡脚部位出现塑性区。典型高程平面岩体内部 L2、Lp285、L1 塑性区范围变大，塑性应变值继续增大，左坝肩上游岩体出现小面积塑性区并持续发展。

(3)当 K_p=4.0~5.0 时，坝基塑性破坏区由左岸几乎扩展至右岸，并继续往上游扩散，坝肩上游塑性区进一步扩大，各典型高程岩体塑性区范围扩大，并与下游结构面基本贯通，塑性应变值继续增大。拱冠梁上游坝踵出现塑性区并不断向上游和深部扩展。

(4)当 K_p=5.0~7.0 时，坝肩(坝基)塑性区几乎完全贯通，并继续向上下游扩展，拱间槽出现塑性区并进一步扩大。典型高程平面坝肩岩体内部塑性区继续扩大，与下游结构面相互贯通，塑性应变值继续增大。坝踵和坝基浅层拉剪破坏区加大。

(5)当 K_p=7.0~8.0 时，塑性区进一步扩展，坝肩(坝基)塑性区完全贯通，建基面中心线大部处于塑性状态，fj1~fj4 上游出露部分全部贯通，左右岸拱间槽出现大量塑性区，下游左岸 fj1 与 fj2、fj3 与 fj4 间全部贯通。典型高程平面内岩体塑性区与结构面贯通。拱冠梁坝踵处出现大面积塑性区。坝与地基整体丧失承载能力，最终左岸塑性破坏区域比右岸稍大。

6. 综合安全度评价

根据有限元计算得到的坝体、坝肩、软弱结构面的位移、应力及塑性区相关数据和云图的分析可以得出,在加固方案一中,立洲拱坝与地基整体稳定安全系数 K=7.0~8.0。

5.5.2　加固方案二计算成果分析

1. 坝体位移分布特征

方案二中,坝体取与天然地基方案中相同的特征点,变位值如表 5.5.3 和表 5.5.4 所示,特征点位移超载位移关系曲线如第 7 章图 7.4.7~图 7.4.11 所示,拱坝在 $1K_p$、$6K_p$ 条件下,下游面变位分布详见第 7 章图 7.4.1~图 7.4.6。

表 5.5.3　$1K_p$ 时坝体不同高程切向、径向位移

高程/m	UX/mm			UY/mm		
	左拱端	拱冠	右拱端	左拱端	拱冠梁	右拱端
2092	1.19	−13.98	−1.50	2.13	50.83	2.39
2059	1.30	−6.95	−1.38	2.47	40.16	2.33
2026	0.88	−1.43	−1.01	2.36	27.02	2.35
1993	1.04	0.01	−1.05	3.05	15.37	2.95
1960	0.73	0.14	−0.50	2.90	3.86	2.56

表 5.5.4　$6K_p$ 时坝体不同高程切向、径向位移

高程/m	UX/mm			UY/mm		
	左拱端	拱冠	右拱端	左拱端	拱冠梁	右拱端
2092	5.66	−16.25	−7.76	17.18	150.50	17.91
2059	12.40	−11.27	−12.65	35.39	173.84	29.76
2026	13.54	−3.18	−13.49	43.46	145.54	37.83
1993	11.40	−0.13	−11.71	41.67	97.86	38.33
1960	4.52	0.66	−3.26	28.11	33.38	23.43

通过以上图表的分析,加固方案二中坝体左右半拱变位对称性有改善,位移值有所减小,位移变化规律与大然地基中基本一致:坝体下部位移小于上部位移,拱端位移小于拱冠位移,切向位移小于径向位移,坝体左右半拱变位总体上对称性较好。

(1)坝体径向变位:坝体径向变位分布和变化规律与天然地基状态下基本一致,不同的是,当 K_p=1.0 时,坝体最大变位值为 57.68mm;当 K_p=4.6~5.0 以后,

最大径向变位由坝顶下移至坝体中上部，这种现象在天然地基方案中是在 K_p=4.0 时发生的。位移荷载曲线在 K_p=6.6~7.6 出现了拐点。

(2)坝体切向变位：坝体切向变位分布和变化规律与天然地基状态下相似，不同的是，当 K_p=1.0 时，坝体最大切向变位值为 19.91mm；当 K_p=3.6~4.0 时，坝体最大切向变位也从顶部下移至中上部。

2. 坝体应力分布特征

加固方案二和天然地基中坝体应力分布和变化规律基本一致，但是坝体上、下游坝面左右半拱主应力分布对称性更优化，应力值有所改善，具体表现是：①拱坝第一主应力——最大压应力出现在下游坝面中下部高程左岸拱端处，值为 –2.27MPa；最大主拉应力出现在上游坝面上部左拱端，值为 1.21MPa；②拱坝第三主应力——坝体上、下游坝面均为压应力，坝体与基岩接触部位应力较大，在坝顶左拱端附近还是出现了应力集中现象，只是应力值比原始地基方案小。正常工况下坝体应力云图详见第 7 章图 7.4.12 与图 7.4.13。

随着超载倍数的加大，坝体下游面拉应力区域增大，最大拉应力、压应力也相应增大，最终超过坝体应力允许值，坝体失去承载力。

3. 坝肩及抗力体表面位移分布特征

加固方案二中，坝肩及抗力体在运行工况下的顺河向、横河向位移云图见第 7 章图 7.4.14 和图 7.4.15。坝肩及抗力体表面位移分布和变化规律与天然地基中一致，只是在数值上有所减小，简述如下。

(1)顺河向位移：总体上呈向下游变位趋势，位移值以拱端附近最大，往上、下游逐步递减，最大变位值出现在两岸坝肩拱间槽中部，且左坝肩位移值大于右坝肩。

(2)横河向位移：拱间槽附近岩体的变位由于拱推力作用趋向山里，数值较大，离拱间槽较远的岩体其变位趋向河谷，数值较小。

方案二在左右岸坝肩及抗力体岩体表面选取了与天然地基中相同的特征点，对应的位移荷载关系曲线详见第 7 章图 7.4.16~图 7.4.19，可以看出大部分岩体的变形规律具有相似性，且与天然地基中基本一致，其主要变形特征是：当 K_p=1.0 时，坝肩表面变位均较小，顺河向变位明显大于横河向变位，左右坝肩变位比较对称；当 K_p=6.6~7.6 时，表面位移超载关系曲线出现显著拐点，表明坝肩岩体失稳破坏。

4. 主要结构面相对位移分布特征

方案二对左岸 f5、L2、Lp285 以及右岸 f4 等软弱结构面部分做了加固处理，并选取了与天然地基方案中相同部位的特征点，其位移荷载关系曲线详见第 7 章图

7.4.26~图 7.4.29，各结构面在正常荷载下的位移云图见第 7 章图 7.4.20~图 7.4.25。

由以上附图分析可知，加固方案二中各软弱结构面内部相对位移的分布规律与天然地基中基本一致，只是在数值上有所减小。断层 f5 及裂隙 L2、Lp285、L2 离左拱端较近，f4 离右拱端较近，其相对变位较大，经过了一定范围的加固措施处理，断层变位均有一定的减小和改善。断层 F10 距坝肩较远，变位较小，没有采取处理措施。两岸分布的层间剪切带 fj1~fj4 对左右坝肩的变形和稳定影响依然存在，但是左右岸坝肩岩体经过处理后，层间剪切带的变位也有较大改善。

加载过程中，当 K_p=1.0 时，各结构面的相对变位都比较小；当 K_p=1.2~2.0 时，位移荷载关系曲线出现一拐点；当 K_p=6.6~7.6 时，位移曲线再次出现明显的拐点，表明此时断层裂隙相继出现较大变形，坝肩出现失稳趋势。

5. 坝肩(坝基)超载特性及破坏模式和破坏机理分析

加固方案二中，取不同超载系数下坝肩塑性区破坏图及各典型高程坝肩破坏平切图详见第 7 章图 7.4.30~图 7.4.49，结合坝体、坝肩位移变化规律可知本方案中立洲拱坝坝肩超载特性及破坏模式，简述如下。

(1) 当 K_p=1.0 时，断层 f5、层间剪切带 fj1~fj4 坝肩出露处出现少量塑性破坏区，典型高程岩体内部断层 L2、Lp285、L1 出现小范围塑性区。

(2) 当 K_p=1.2~3.0 时，f5、fj~1fj4 塑性破坏区进一步扩大，上游坝肩出现塑性区并扩展，坝基在左岸拱间槽上游岩体坡脚部位出现塑性区并向右岸扩展。典型高程岩体内部结构面已有塑性区范围变大，塑性应变值继续增大。

(3) 当 K_p=4.0~5.0 时，坝基塑性破坏区由左岸扩展至右岸，上游坝肩塑性区继续扩展。各典型高程岩体塑性区继续扩散，并与下游结构面基本贯通，塑性应变值继续增大。拱冠梁上游坝踵出现塑性区并不断向上游和深部扩展。

(4) 当 K_p=5.0~6.6 时，坝肩坝基塑性区几乎完全贯通，并继续向上下游扩展，拱间槽出现塑性区并进一步扩展。各典型高程岩体塑性区范围扩大，与下游结构面完全贯通，塑性应变值继续增大，坝踵和坝基浅层拉剪破坏区继续加大。

(5) 当 K_p=6.6~7.6 时，塑性区进一步扩展，坝肩坝基塑性区完全贯通，fj1~ fj4 上游出露部分全部贯通，左右岸拱间槽出现大量塑性区，下游左岸 fj1 与 fj2、fj3 与 fj4 间全部贯通。典型高程平面岩体塑性区与结构面贯通，拱冠梁坝踵处出现大面积塑性区。坝与地基整体丧失承载能力，最终左岸塑性破坏区域比右岸大，建基面在坝轴线上游侧破坏较为严重。

6. 综合安全度评价

根据以上坝体、坝肩及抗力体、软弱结构面的位移、应力及塑性区相关数据和云图的分析可以得出，在加固方案二中，立洲拱坝与地基整体稳定安全系数 K=6.6~7.6。

5.5.3　加固地基方案同天然地基方案对比分析

1. 大坝变位对比分析

表 5.5.5~表 5.5.8 是 $1K_p$ 和 $6K_p$ 两种工况下加固方案一、方案二中拱坝相对天然地基方案坝体位移减小值。

表 5.5.5　加固方案一 $1K_p$ 工况拱坝位移相对天然地基方案减小值

高程/m	切向/mm			径向/mm		
	左拱端	拱冠	右拱端	左拱端	拱冠梁	右拱端
2092	0.09	0.21	0.07	0.22	2.18	0.18
2059	0.38	0.24	0.17	0.36	1.50	0.27
2026	0.25	0.10	0.19	0.41	1.28	0.36
1993	0.14	0.00	0.15	0.43	1.08	0.37
1960	0.10	0.01	0.06	0.34	0.45	0.28

表 5.5.6　加固方案一 $6K_p$ 工况拱坝位移相对天然地基方案减小值

高程/m	切向/mm			径向/mm		
	左拱端	拱冠	右拱端	左拱端	拱冠梁	右拱端
2092	0.61	0.72	0.85	2.11	12.26	2.22
2059	1.66	1.04	1.63	5.79	18.21	3.93
2026	1.38	0.43	1.65	7.19	16.08	4.83
1993	1.28	0.02	1.45	6.46	11.99	4.96
1960	0.49	0.04	0.54	4.17	4.85	3.23

表 5.5.7　加固方案二 $1K_p$ 工况拱坝位移相对天然地基方案减小值

高程/m	切向/mm			径向/mm		
	左拱端	拱冠	右拱端	左拱端	拱冠梁	右拱端
2092	0.01	0.48	0.05	0.16	1.90	0.14
2059	0.33	0.19	0.11	0.26	1.37	0.17
2026	0.19	0.04	0.13	0.28	1.20	0.25
1993	0.07	0.00	0.10	0.27	1.02	0.20
1960	0.04	0.00	0.05	0.22	0.28	0.18

表 5.5.8　加固方案二 $6K_p$ 工况拱坝位移相对天然地基方案减小值

高程/m	切向/mm			径向/mm		
	左拱端	拱冠	右拱端	左拱端	拱冠梁	右拱端
2092	0.33	0.85	0.64	1.39	8.97	1.51
2059	1.07	1.10	1.13	3.95	12.30	2.66
2026	0.88	0.32	1.09	4.97	11.06	3.22
1993	0.67	0.11	0.99	4.43	8.35	3.21
1960	0.32	0.02	0.41	2.86	3.31	2.19

由前面分析可知，加固方案一、加固方案二、天然地基三种方案中，坝体径向、切向变位规律基本一致。由表 5.5.5~表 5.5.8 可以看出，两个加固方案中，坝体的径向、切向位移均有一定的减小。

从切向位移上来看，加固方案一在 $1K_p$ 工况下，左拱端位移值比天然地基中减小了 7.39%~23.38%，计 0.09~0.38mm；右拱端位移值减小了 4.49%~16.71%，计 0.06~0.19mm；拱冠位移值平均减小了约 4.25%，计 0~0.24mm。$6K_p$ 工况下，左拱端位移值比天然地基中减小了 9.59%~12.35%，计 0.49~1.66mm；右拱端位移值减小了 10.1%~14.76%，计 0.54~1.65mm；拱冠位移值平均减小了约 7.98%，计 0.02~1.04mm。

加固方案二在 $1K_p$ 工况下，左拱端位移值比天然地基方案中减小了 0.71%~20.20%，计 0.01~0.33mm；右拱端位移值平均减小了 3.43%~11.44%，计 0.05~0.13mm；拱冠位移值平均减小了约 8.41%，计 0~0.48mm。$6K_p$ 工况下，左拱端位移值较天然地基方案中平均减小了 5.54%~7.93%，计 0.33~1.07mm；右拱端位移值减小了 7.48%~11.13%，计 0.41~1.13mm；拱冠位移值平均减小了约 14.27%，计 0.02~1.10mm。

从径向位移上来看，加固方案一在 $1K_p$ 工况下，左拱端位移值比天然地基方案中减小了 9.76%~15.59%，计 0.22~0.43mm；右拱端位移值减小了 7.25%~14.02%，计 0.18~0.37mm；拱冠位移值平均减小了约 5.95%，计 0.45~2.18mm。$6K_p$ 工况下，左拱端位移值减小了 11.37%~14.84%，计 2.11~7.19mm；右拱端位移值减小了 11.41%~12.62%，计 2.22~4.96mm；拱冠位移值平均减小了约 10.45%，计 4.85~18.21mm。

加固方案二在 $1K_p$ 工况下，左拱端位移值比天然地基减小了 6.91%~10.73%，计 0.16~0.28mm；右拱端减小了 5.58%~9.51%，计 0.14~0.25mm；拱冠梁平均减小了约 4.82%，计 0.28~1.90mm。$6K_p$ 工况下，左拱端位移值减小了 7.48%~10.27%，计 1.39~4.97mm；右拱端位移值减小了 7.73%~8.53%，计 1.51~3.22mm；拱冠梁平均减小了约 7.23%，计 3.31~12.30mm。

由以上分析可见，拱坝变位值在坝肩岩体经过加固方案一、方案二的处理后有了较大幅度的减小，径向变位减小幅度较大，效果较明显，随着荷载的增加，加固处理措施对坝体变位的改善效果越发明显。

2. 坝肩及抗力体变位对比分析

表 5.5.9~表 5.5.12 是加固方案一、方案二相对天然地基方案中左右坝肩特征点横、顺河向位移减小值。

表 5.5.9　加固方案一相对天然地基左坝肩特征点位移减小值

超载倍数	UX/mm					UY/mm				
	1	2	3	4	5	1	2	3	4	5
1 K_p	0.19	0.30	0.31	0.42	0.40	0.59	1.00	0.99	0.79	0.71
3 K_p	0.77	1.13	1.45	1.29	1.07	3.79	4.74	5.59	3.37	2.64
5 K_p	1.33	1.94	2.49	2.14	1.79	7.27	8.84	10.25	6.04	4.80
6 K_p	1.59	2.32	3.02	2.50	2.12	9.23	11.07	12.79	7.37	5.84
7 K_p	1.72	2.91	3.97	3.54	3.01	13.80	16.09	18.61	11.78	9.67
8 K_p	2.09	3.01	3.90	3.33	2.77	11.45	13.39	15.49	7.80	5.35

表 5.5.10　加固方案一相对天然地基方案右坝肩特征点位移减小值

超载倍数	UX/mm					UY/mm				
	1	2	3	4	5	1	2	3	4	5
1 K_p	0.11	0.29	0.32	0.35	0.28	0.52	0.79	0.69	0.60	0.27
3 K_p	0.37	1.41	1.39	1.02	1.00	2.05	3.89	3.37	2.23	1.27
5 K_p	0.63	2.41	2.42	1.35	1.57	3.76	7.06	6.17	3.66	2.39
6 K_p	0.74	2.91	2.89	1.98	1.86	4.68	8.74	7.57	4.91	2.93
7 K_p	0.69	4.19	4.13	2.56	2.21	8.16	14.99	13.34	9.50	6.61
8 K_p	0.97	4.11	4.17	2.54	2.20	7.24	13.51	11.74	7.39	4.91

表 5.5.11　加固方案二相对天然地基方案左坝肩特征点位移减小值

超载倍数	UX/mm					UY/mm				
	1	2	3	4	5	1	2	3	4	5
1 K_p	0.15	0.21	0.22	0.29	0.27	0.39	0.65	0.62	0.50	0.46
3 K_p	0.62	0.79	1.01	0.80	0.74	2.70	3.15	3.75	2.10	1.79
5 K_p	1.10	1.31	1.71	1.33	1.25	5.24	5.89	6.85	3.82	3.20
6 K_p	1.34	1.58	2.07	1.53	1.46	6.67	7.39	8.59	4.61	3.86
7 K_p	1.46	2.07	2.88	2.54	2.27	10.68	11.65	13.51	8.69	7.37
8 K_p	1.80	2.17	2.89	2.53	2.17	9.26	9.85	11.48	6.09	4.53

表 5.5.12　加固方案二相对天然地基方案右坝肩特征点位移减小值

超载倍数	UX/mm					UY/mm				
	1	2	3	4	5	1	2	3	4	5
$1K_p$	0.08	0.16	0.18	0.26	0.18	0.29	0.40	0.39	0.39	0.16
$3K_p$	0.26	0.83	0.84	0.67	0.64	1.16	2.20	1.97	1.38	0.76
$5K_p$	0.45	1.44	1.46	0.86	1.00	2.14	4.06	3.59	2.22	1.41
$6K_p$	0.53	1.73	1.78	1.21	1.17	2.67	5.00	4.43	2.84	1.74
$7K_p$	0.43	2.82	2.79	1.81	1.49	5.73	10.47	9.59	7.24	5.12
$8K_p$	0.61	2.96	2.99	2.02	1.54	5.60	10.33	9.33	6.71	4.57

由前面分析可知，加固方案一、加固方案二、天然地基三种方案中坝肩及抗力体表面横河向、顺河向位移分布及变化规律一致。

加固方案一中，左坝肩特征点在 $1K_p\sim8K_p$ 荷载条件下顺河向位移值比天然地基状态下减小了 17.38%~36.18%，计 0.59~18.61mm，横河向位移值减小了 21.31%~31.25%，计 0.19~3.97mm；右坝肩特征点在 $1K_p\sim8K_p$ 荷载条件下顺河向位移值比天然地基状态下减小了 19.88%~34.45%，计 0.52~14.99mm，横河向位移值减小了 16.98%~28.09%，计 0.11~4.19mm。

加固方案二中，左坝肩特征点在 $1K_p\sim8K_p$ 荷载条件下顺河向位移值比天然地基状态下减小了 14.73%~24.71%，计 0.39~13.51mm，横河向位移值减小了 14.66%~25.43%，计 0.15~2.89mm；右坝肩特征点在 $1K_p\sim8K_p$ 荷载条件下顺河向位移值比天然地基状态下减小了 10.39%~26.67%，计 0.29~10.47mm，横河向位移值减小了 10.86%~18.60%，计 0.08~2.99mm。

由以上分析可见，两个加固方案中，坝肩经过加固处理后，坝肩及抗力体表面位移均有一定幅度的减小，顺河向位移比横河向位移减小的幅度明显，加固措施对横、顺河向位移的改善效果均随着荷载的增加而更为明显。由于两个加固方案中均是左坝肩加固范围比右坝肩大，故方案一、方案二均是左坝肩位移减小值比右坝肩大，其改善效果更好，加固后左右坝肩位移对称性更好。加固方案二坝肩加固处理范围比方案一小，位移减小值和减小幅度比方案一小。

3. 主要结构面相对位移对比分析

表 5.5.13~表 5.5.20 是加固方案一、方案二相对天然地基方案中 t5、L2、Lp285、f4 等软弱结构面特征点横、顺河向位移减小值。

由前面分析可知，不同方案中断层及节理裂隙等软弱结构面在荷载作用下位移的分布和变化规律在加固前后基本一致，总的来说，加固措施对改善断层的变位有一定的效果，尤其是顺河向相对变位改善效果较明显。

表 5.5.13　加固方案一中断层 f5 特征点相对天然地基方案位移减小值

超载倍数	UX/mm				UY/mm			
	1	2	3	4	1	2	3	4
1 K_p	0.15	0.09	0.17	0.15	0.66	0.41	0.53	0.55
3 K_p	0.45	0.28	0.70	0.61	2.44	1.67	3.31	3.11
5 K_p	0.78	0.49	1.23	1.10	4.47	3.06	6.33	5.90
6 K_p	0.91	0.58	1.49	1.34	5.58	3.81	8.02	7.46
7 K_p	1.01	0.51	1.51	1.31	8.41	5.95	12.20	11.37
8 K_p	1.29	0.79	2.03	1.88	8.84	6.10	13.12	12.15

表 5.5.14　加固方案一中节理 L2 特征点相对天然地基方案位移减小值

超载倍数	UX/mm				UY/mm			
	1	2	3	4	1	2	3	4
1 K_p	0.16	0.20	0.29	0.29	0.48	0.55	0.60	0.62
3 K_p	0.56	0.74	0.98	1.06	2.06	2.43	2.63	2.42
5 K_p	1.05	1.30	1.75	1.91	3.77	4.34	4.49	3.88
6 K_p	1.22	1.56	2.21	2.39	4.57	5.29	5.38	4.57
7 K_p	1.34	1.79	2.62	2.92	7.87	7.73	8.19	5.70
8 K_p	1.66	2.18	3.22	3.51	6.32	6.32	7.77	6.38

表 5.5.15　加固方案一中节理 Lp285 特征点相对天然地基方案位移减小值

超载倍数	UX/mm				UY/mm			
	1	2	3	4	1	2	3	4
1 K_p	0.36	0.27	0.19	0.10	0.66	0.50	0.47	0.37
3 K_p	1.15	0.97	0.79	0.59	3.00	1.94	1.93	1.56
5 K_p	2.03	1.75	1.50	1.11	5.30	3.07	2.97	2.31
6 K_p	2.53	2.19	1.91	1.38	6.54	3.59	3.43	2.61
7 K_p	3.87	3.36	2.90	1.92	7.82	4.09	3.85	2.88
8 K_p	4.04	3.54	3.18	2.18	11.21	6.09	5.65	4.28

表 5.5.16　加固方案一中断层 f4 特征点相对天然地基方案位移减小值

超载倍数	UX/mm				UY/mm			
	1	2	3	4	1	2	3	4
1 K_p	0.22	0.27	0.17	0.09	0.56	0.71	0.42	0.30
3 K_p	0.88	1.15	0.68	0.33	2.59	3.19	2.03	1.34
5 K_p	1.51	2.02	1.23	0.52	4.72	5.75	3.74	2.40
6 K_p	1.80	2.41	1.47	0.60	5.81	7.05	4.64	2.95
7 K_p	2.28	3.33	2.00	0.65	9.36	10.99	7.78	5.33
8 K_p	2.46	3.45	2.15	0.81	8.07	11.44	6.43	3.87

表 5.5.17 加固方案二中断层 f5 特征点相对天然地基方案位移减小值

超载倍数	UX/mm				UY/mm			
	1	2	3	4	1	2	3	4
1 K_p	0.11	0.06	0.14	0.13	0.40	0.19	0.31	0.34
3 K_p	0.33	0.19	0.55	0.56	1.48	0.86	2.35	2.34
5 K_p	0.57	0.34	0.93	0.97	2.72	1.60	4.59	4.52
6 K_p	0.67	0.40	1.12	1.17	3.40	2.01	5.86	5.74
7 K_p	0.72	0.31	1.09	1.10	5.78	3.78	9.59	9.31
8 K_p	0.93	0.50	1.47	1.51	5.36	3.22	9.60	9.30

表 5.5.18 加固方案二中节理 L2 特征点相对天然地基方案位移减小值

超载倍数	UX/mm				UY/mm			
	1	2	3	4	1	2	3	4
1 K_p	0.10	0.39	0.21	0.23	0.24	1.07	0.48	0.61
3 K_p	0.30	1.64	0.58	0.71	1.00	5.32	1.99	2.41
5 K_p	0.56	2.81	1.05	1.26	1.83	9.81	3.32	3.89
6 K_p	0.67	3.40	1.35	1.55	2.19	12.21	3.92	4.59
7 K_p	1.09	4.39	2.06	2.16	5.04	16.17	6.45	6.67
8 K_p	1.06	4.99	2.11	2.15	4.03	16.48	3.14	5.46

表 5.5.19 加固方案二中节理 L9285 特征点相对天然地基方案位移减小值

超载倍数	UX/mm				UY/mm			
	1	2	3	4	1	2	3	4
1 K_p	0.27	0.19	0.13	0.07	0.44	0.32	0.29	0.22
3 K_p	0.73	0.55	0.45	0.38	1.84	1.06	1.53	1.24
5 K_p	1.30	0.99	0.93	0.76	3.16	1.53	1.89	1.42
6 K_p	1.61	1.22	1.18	0.94	3.87	1.69	1.98	1.43
7 K_p	2.34	1.81	1.79	1.32	3.07	2.31	2.02	1.39
8 K_p	2.83	2.15	2.18	1.58	8.39	4.46	4.33	3.22

表 5.5.20 加固方案二相对天然地基方案断层 f4 特征点位移减小值

超载倍数	UX/mm				UY/mm			
	1	2	3	4	1	2	3	4
1 K_p	0.13	0.18	0.12	0.07	0.35	0.49	0.27	0.20
3 K_p	0.52	0.74	0.43	0.22	1.72	2.27	1.34	0.87
5 K_p	0.89	1.30	0.79	0.35	3.11	4.06	2.46	1.56
6 K_p	1.04	1.55	0.89	0.38	3.85	4.99	3.04	1.91
7 K_p	1.31	2.03	1.17	0.43	6.98	8.49	5.84	4.08
8 K_p	1.50	2.43	1.47	0.53	5.12	8.37	4.06	2.36

由表5.5.13~表5.5.16分析得到加固方案一中各软弱结构面特征点相对天然地基条件下相对位移减小情况是：f5 在 $1K_p$~$8K_p$ 荷载下顺河向位移值减小了 16.26%~32.52%，计 0.53~13.12mm，横河向位移值减小了 23.03%~32.03%，计 0.09~2.03mm；L2 在 $1K_p$~$8K_p$ 荷载下顺河向位移值减小了 18.92%~23.48%，计 0.48~8.19mm，横河向位移值减小了 20.60%~26.85%，计 0.16~3.22mm；Lp285 在 $1K_p$~$8K_p$ 荷载下顺河向位移值减小了 14.75%~24.80%，计 0.37~11.21mm，横河向位移值减小了 23.20%~33.76%，计 0.10~4.04mm；f4 在 $1K_p$~$8K_p$ 荷载下顺河向位移值减小了 18.43%~33.21%，计 0.30~11.41mm，横河向位移值减小了 20.79%~23.87%，计 0.09~3.45mm。

由表5.5.17~表5.5.20分析得到加固方案二中各软弱结构面相对天然地基状态下相对变位的减小情况是：f5 在 $1K_p$~$8K_p$ 荷载下顺河向位移值减小了 9.99%~24.56%，计 0.19~9.60mm，横河向位移值减小了 18.81%~23.76%，计 0.06~1.51mm；L2 在 $1K_p$~$9K_p$ 荷载下顺河向位移值减小了 10.11%~50.62%，计 0.24~16.48mm，横河向位移值减小了 10.47%~52.75%，计 0.10~4.99mm；Lp285 在 $1K_p$~$8K_p$ 荷载下顺河向位移值减小了 8.15%~18.37%，计 0.22~8.39mm，横河向位移值减小了 13.24%~24.59%，计 0.07~2.83mm；f4 在 $1K_p$~$8K_p$ 荷载下顺河向位移值比天然地基状态下减小了 11.80%~23.42%，计 0.20~8.49mm，横河向位移值减小了 12.54%~18.38%，计 0.07~2.43mm。

由以上分析可知，加固方案一、方案二对软弱结构面的相对变位均有较好的改善效果。

4. 坝肩破坏形态对比分析

当 K_p=1.0 时，天然地基方案、加固方案一、方案二均是断层 f5、层间剪切带 fj1~fj4 在坝肩出露处出现少量塑性破坏区，塑性区范围原始地基最大，加固方案二次之、方案一最小，坝肩其他部位岩体及坝基此时没有出现塑性区。随着超载倍数的增加，坝肩、坝基均开始出现塑性区，并且塑性区范围进一步扩大，最终坝肩（坝基）塑性区完全贯通，典型高程内部岩体塑性区与结构面相互贯通，拱冠梁坝踵处出现大面积塑性区，坝肩呈现失稳破坏态势。三个方案中，天然地基下坝肩（坝基）塑性区范围最大，塑性应变值最大，塑性区最早完全贯通，加固方案二次之，加固方案一最迟，且最终塑性破坏范围最小，并且由于混凝土置换区的阻隔，使断层上下游塑性破坏区不能贯通，提高了坝肩的综合强度。综合分析，加固方案一最终破坏时承受荷载最大，方案二次之，天然地基最小。

5. 整体安全度对比分析

立洲拱坝与地基整体稳定安全系数在天然地基方案中 K=6.0~7.0,加固方案一 K=7.0~8.0,比天然地基状态提高了约 16.67%;加固方案二 K=6.6~7.6,比天然地基状态提高了约 10.0%。显然,在加固地基条件下,坝与地基整体安全度均有了一定的提高。

5.6　加固地基方案对比分析

5.6.1　大坝变位对比分析

本节取两个加固方案在不同荷载下坝体径向变位值对比分析。表 5.6.1 是 $1K_p$ 和 $6K_p$ 荷载条件下加固方案一相对方案二中坝体径向变位减小值。

表 5.6.1　加固方案一相对加固方案二坝体径向变位减小值

高程/m	$1K_p$			$6K_p$		
	左拱端	拱冠	右拱端	左拱端	拱冠梁	右拱端
2092	0.07	0.29	0.04	0.72	3.29	0.70
2059	0.09	0.14	0.10	1.84	5.91	1.27
2026	0.13	0.08	0.12	2.22	5.02	1.60
1993	0.15	0.05	0.16	2.03	3.64	1.75
1960	0.12	0.17	0.10	1.31	1.54	1.05

在 $1K_p$ 工况下,加固方案一相对方案二,左拱端位移值减小了 3.92%~5.51%,计 0.07~0.15mm,右拱端位移值减小了 1.67%~5.42%,计 0.04~0.16mm,拱冠位移值平均减小了约 1.19%,计 0.05~0.29mm;$6K_p$ 工况下,左拱端位移值减小了 4.19%~5.20%,计 0.72~2.22mm,右拱端位移值减小了 3.91%~4.57%,计 0.7~1.75mm,拱冠位移值平均减小了约 3.47%,计 1.54~5.91mm。由以上分析可知,加固方案一对坝体变位的改善效果比方案二更优,而且随着荷载的增加更为明显。

5.6.2　坝肩及抗力体变位对比分析

取加固方案一、方案二中左右坝肩及抗力体表面顺河向位移对比分析,表 5.6.2 是不同荷载条件下加固方案一相对方案二中表面顺河向位移减小值。

加固方案一与加固方案二中坝肩及抗力体表面顺河向位移分布及变化规律一致,数值上更小,具体表现在:方案一相对方案二,左坝肩特征点在 $1K_p$~$8K_p$ 荷载条件下顺河向位移值减小了 7.14%~14.58%,计 0.20~6.79mm,右坝肩特征点在

$1K_p$~$8K_p$ 荷载下顺河向位移值减小了 5.48%~13.87%，计 0.11~6.65mm。可见，加固方案一对坝肩及抗力体表面变位的改善效果比方案二更优。

表 5.6.2   加固方案一相对加固方案二坝肩及抗力体表面顺河向位移减小值

超载倍数	左坝肩/mm					右坝肩/mm				
	1	2	3	4	5	1	2	3	4	5
$1\,K_p$	0.20	0.35	0.37	0.29	0.25	0.24	0.38	0.3	0.2	0.11
$3\,K_p$	1.09	1.59	1.84	1.26	0.85	0.89	1.68	1.4	0.85	0.51
$5\,K_p$	2.03	2.95	3.39	2.21	1.6	1.63	3.01	2.59	1.45	0.97
$6\,K_p$	2.55	3.68	4.2	2.75	1.98	2.02	3.74	3.14	2.06	1.2
$7\,K_p$	3.11	4.45	5.1	3.09	2.3	2.43	4.51	3.75	2.25	1.49
$8\,K_p$	2.19	3.54	4.02	1.7	0.82	1.65	3.19	2.42	0.68	0.34

5.6.3   主要结构面相对位移对比分析

取加固方案一、方案二中各结构面不同荷载下顺河向位移进行对比分析，表 5.6.3 和表 5.6.4 是加固方案一中结构面相对方案二中顺河向位移减小值。

表 5.6.3   加固方案一相对方案二 f5、L2 相对顺河向位移减小值

超载倍数	f5/mm				L2/mm			
	1	2	3	4	1	2	3	4
$1\,K_p$	0.26	0.22	0.22	0.21	0.20	0.22	0.13	0.21
$3\,K_p$	0.96	0.81	0.96	0.77	0.87	0.61	0.64	1.01
$5\,K_p$	1.75	1.46	1.75	1.39	1.62	1.14	1.17	1.78
$6\,K_p$	2.18	1.80	2.16	1.71	1.99	1.38	1.46	2.18
$7\,K_p$	2.63	2.17	2.61	2.06	2.36	2.25	1.74	2.48
$8\,K_p$	3.48	2.88	3.53	2.84	1.72	2.62	4.63	3.56

表 5.6.4   加固方案一相对方案二 f5、L2 相对顺河向位移减小值

超载倍数	Lp285/mm				f4/mm			
	1	2	3	4	1	2	3	4
$1\,K_p$	0.23	0.18	0.19	0.16	0.21	0.21	0.15	0.11
$3\,K_p$	1.17	0.89	0.40	0.32	0.87	0.92	0.68	0.46
$5\,K_p$	2.14	1.54	1.08	0.89	1.60	1.69	1.29	0.85
$6\,K_p$	2.67	1.90	1.46	1.19	1.96	2.06	1.60	1.04
$7\,K_p$	4.76	1.78	1.83	1.49	2.39	2.50	1.93	1.25
$8\,K_p$	2.83	1.63	1.32	1.05	2.94	3.07	2.37	1.51

加固方案一、方案二中，各软弱结构面在荷载作用下相对变位的分布和变化规律基本一致，方案一中相对变位值较小。方案一相对方案二，各结构面在 $1K_p\sim8K_p$ 荷载下顺河向位移值减小情况为：f5 相对变位减小了 7.92%~11.22%，计 0.21~3.53mm；L2 相对变位减小了 6.82%~15.01%，计 0.13~5.86mm；Lp285 相对变位减小了 5.94%~12.74%，计 0.16~5.18mm；f4 相对变位减小了 7.98%~9.44%，计 0.11~5.77mm。可见，加固方案一中各软弱结构面的相对位移比方案二有不同幅度的减小，对结构面相对变位的改善效果比方案二更优。

5.6.4　整体安全度对比分析

在加固方案一中，立洲拱坝与地基整体稳定超载安全系数 K=7.0~8.0，加固方案二 K=6.6~7.6，方案一比方案二提高了约 6.06%。显然加固方案一中坝与地基整体安全度较高，加固效果更为明显。

5.6.5　小结及建议

加固方案一、方案二对坝肩软弱结构面采取了一定的加固处理措施，其坝体、坝肩、软弱结构面的变位分布和变化规律均与天然地基状态下一致，但是在数值上有明显减小。加固地基与天然地基下的坝肩(坝基)破坏形态也相似，但是加固方案破坏区域减小，承载能力加强，坝与地基整体安全度提高，说明两加固方案在提高坝体的承载力方面均取得了一定的效果。通过加固方案一和方案二的坝体、坝肩、软弱结构面的变位分布和变化规律、破坏形态、安全系数等多方面的对比分析，认为方案一的加固改善效果较好。本节建议参考加固方案一对立洲拱坝采取加固处理措施，以提高拱坝与坝肩的整体稳定性。

第6章 拱坝分缝形式研究

6.1 研究目标及坝体分缝方案

6.1.1 研究目标

碾压混凝土拱坝是采取连续通仓碾压成坝的施工方法,大坝碾压成型的上升速度快,导致坝体混凝土的水化热来不及散发,在坝体的温度逐渐冷却过程以及库水蓄存的过程中都会产生较大的拉应力,引发坝体出现裂缝[4,68]。针对该问题,目前在国内外的碾压混凝土坝中普遍采用了诱导缝的设计方式,在坝内可能产生裂缝的部位人为地设计构造薄弱面,当产生较大拉应力时,这些诱导缝所处的薄弱面由于强度较低首先被拉开,从而优化坝体的应力分布,按设计要求引导裂缝开裂,有利于控制缝的发展方向,以避免无序裂缝的出现[69,70]。在工程设计中,诱导缝的部位还配合设计了止水系统及灌浆系统,当施工期或运行期缝开裂时,可以及时灌浆,从而保证大坝的完整性[71]。我国贵州的普定碾压混凝土拱坝采用的是坝体横向布置三条诱导缝的分缝形式,四川沙牌拱坝采取两条诱导缝加两条横缝的分缝方式,福建的溪炳坝在坝体上游面设置了周边应力释放缝,这些大坝运行多年,质量良好,运行正常。

立洲拱坝采用碾压混凝土筑坝技术,在碾压施工的过程中封拱,对坝体的开裂性要求较高,若能找出一种相对较优的立洲拱坝分缝形式,通过诱导缝传递以及释放应力,从而确保了在运行期内拱坝的完整性。本章参考同类工程,结合沙牌拱坝"八五"及"九五"攻关报告,针对立洲拱坝提出三种分缝方案[72,73]:横向设置四条诱导缝方案、横向设置两条诱导缝加周边应力释放缝方案、横向设置三条诱导缝方案,详见6.1.2节。通过三维有限元分析计算,探讨、评价各分缝方案在正常工况下坝体的应力应变及变形特征,在此基础上,通过超载至模型失稳破坏,研究不同分缝形式下坝体的破坏过程及破坏形态,找出一种相对较优的立洲拱坝分缝方案,以期能为工程的设计提供一些参考。

6.1.2 坝体分缝方案

根据上述要求,整体数值模型分缝方案如图6.1.1~图6.1.3及表6.1.1所示。

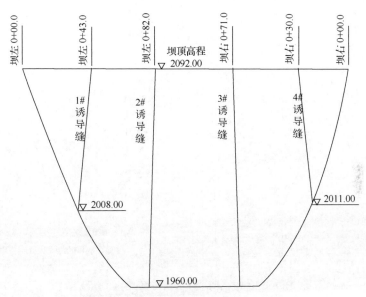

图 6.1.1 方案二坝体分缝方案图(上游面)

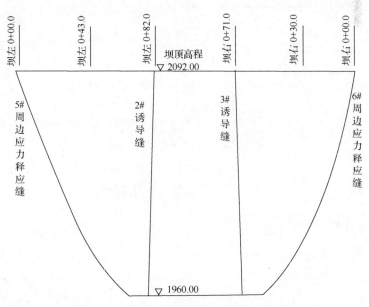

图 6.1.2 方案三坝体分缝方案图(上游面)

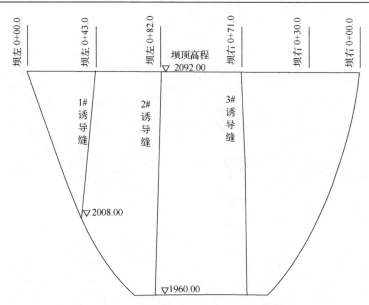

图 6.1.3　方案四坝体分缝方案图（上游面）

表 6.1.1　数值计算方案

方案	试验条件及要求	荷载组合
一	(1)坝体无缝，计算坝体应力及变形 (2)用超载法加载至模型失稳破坏	自重+水压+砂压+温降
二	(1)坝体设 1#~4#四条诱导缝，计算坝体应力及变形 (2)用超载法加载至模型失稳破坏	同上
三	(1)坝体设 5#、6#周边应力释放缝加 2#、3#两条诱导缝，计算坝体应力及变形 (2)用超载法加载至模型失稳破坏	同上
四	(1)坝体设 1#~3#三条诱导缝，计算坝体应力及变形 (2)用超载法加载至模型失稳破坏	同上

6.2　立洲拱坝计算模型

6.2.1　计算范围

　　为了研究立洲拱坝的分缝方案，分析不同方案下坝体的应力及位移特性，本章采用 ANSYS 工程分析软件，以立洲拱坝坝与地基整体为对象，进行三维非线性有限元计算分析，其中，着重对坝体部分进行模拟，坝肩坝基分区域简化。考虑有限元模拟时使结构能够自由受力等因素，立洲拱坝三维有限元计算模型模拟范围是：以河床坝底中心为基准，向上游延伸 200m，约 1.5 倍坝高，向下游延伸 300m，约 2.3 倍坝高；建基面向坝下延伸 300m，约 2.3 倍坝高；左岸坝肩算起，向外延伸 150m，约 1.1 倍坝高；右岸坝肩算起，向外延伸 150m，约 1.1 倍坝高。

6.2.2　强度准则

ANSYS 非线性分析适用于岩石类材料的为 D-P 准则，采用 D-P 模型需要输入的材料属性包括容重 γ、弹性模量 E、泊松比 μ、黏聚力 C 及内摩擦角 φ。计算采用的各种材料类型的材料属性见表 6.3.1 和表 6.3.2。这里需要说明的是，实际计算中，由于考虑岩体材料的各向异性计算较为复杂，因此各类材料弹性模量均取垂直向弹性模量(垂直向弹性模量较平行向小)，即视为各向同性简化，同时计算未考虑岩层的节理。

6.2.3　计算模型

本节基于 ANSYS 软件的建模及计算功能对立洲碾压混凝土拱坝进行三维非线性有限元仿真计算分析，在非线性分析过程中，坝体及基岩部分采用弹塑性材料本构关系，坝体及结构缝采用 solid65 单元，坝肩及坝基的岩体部分采用 solid45 单元。由于坝体是本部分研究重点，因此，网格划分是对该部分进行加密，尤其是缝的模拟，采用小体积径向单元进行模拟细化。整个模型离散单元总数为 42934 个(其中坝体 12101 个)，节点总数为 12065 个(其中坝体 3666 个)。立洲拱坝整体三维有限元网格图与坝体有限元网格图分别如图 6.2.1 和图 6.2.2 所示。

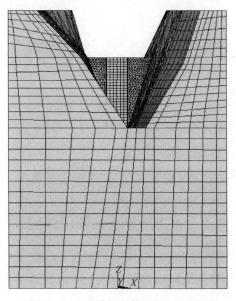

图 6.2.1　立洲拱坝整体有限元网格图

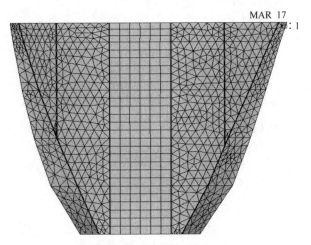

图 6.2.2　坝体有限元网格图

模型两岸边界是横河向的约束，上、下游边界是顺河向约束，底面为三向固定约束。拱坝整体模型计算采用的直角坐标是：水平面内与水流方向垂直的为 X 轴方向，以向左岸为正；水流方向为 Y 轴方向，以向下游为正；高度方向为 Z 轴方向，以向上为正；坐标系原点在拱冠梁向坝基延伸剖面与模型底边界交接处，高程 1660.00m。坝基建基面底部高程 1960.00m，坝顶高程 2092.00m。

6.2.4　计算工况

计算工况考虑为正常蓄水位+淤沙+自重+温度（当量）荷载，研究坝与地基在正常运行状态下的应力与变形特性及超载特性。

6.2.5　超载方式

加载主要考虑水沙荷载。水荷载考虑正常水位即 2088.00m 高程，沙荷载考虑为淤沙高程即 1985.21m 高程。荷载的超载是三角形的超载方式。

6.3　坝体及坝肩的模拟

6.3.1　坝体分缝的模拟

诱导缝是一种人为的薄弱面，设缝断面经过一定的削弱后，其抗拉强度还有一部分得到保留。清华大学的曾昭扬教授在"九五"国家重点科技攻关项目研究中提出了诱导缝等效强度理论，该理论认为，在模拟诱导缝的过程中，如果诱导缝所在横截面的削弱度为 20%，诱导缝所在的单元抗强度在垂直缝面方向上的折减为 40%，其他方向强度以及缝单元的热学参数均保持不变，采用这种方式模拟处理后，划分的单元大小将不影响其计算结果[32]。

　　本节参考曾昭扬教授提出的关于诱导缝等效强度理论以及其他类似工程的研究成果，结合所建的立洲拱坝数值模型，经过综合研究考虑，通过材料等效强度的模拟方式来进行诱导缝的模拟计算，具体做法是在设置分缝的位置上，将一系列径向单元的抗拉强度降为诱导缝的等效强度 f_{eq}，用该径向单元代表诱导缝，其余混凝土部分单元的抗拉强度仍为 f_t，同时，径向单元的弹性模量也降低一定百分比[69,70]。拱坝坝体诱导缝及周边缝计算参数如表 6.3.1 所示。

表 6.3.1　坝体、诱导缝及周边缝物理力学参数

材料位置	弹性模量/GPa	泊松比	抗拉强度/MPa	抗压强度/MPa	抗剪断强度	
					f_1/-	c_1/MPa
坝体	24.0	0.167	2.0	25.0	1.25	1.25
周边缝	0.24	0.167	0.72	5.0	0.96	0.84
诱导缝	0.24	0.167	0.46	2.5	0.8	0.48

6.3.2　坝肩的概化与模拟

　　在 ANSYS 计算中，本节建模时进行了一定的简化。其中，坝体结构的研究是这一部分的主要关注点，在数值计算中给予重点模拟，而坝肩的基岩及主要地质构造进行概化，以断层 F10 为界，分区域按简化地基考虑，详见表 6.3.2。

表 6.3.2　拱坝坝肩坝基物理力学参数

地层代号	地层岩性	区域	密度/(g/cm³)	饱和抗压强度/MPa	泊松比	抗剪强度 f	抗剪断强度 岩/岩		变形模量/GPa
							f'	c'/MPa	
Pk	厚层状灰岩、大理岩化灰岩	F10 断层上游区域	2.7	52	0.23	0.65	1.2	1	12
D1yj	极薄、薄层炭硅质板岩	F10 断层下游区域	2.67	40	0.3	—	0.8	0.7	5
F10 断层及影响带			碎裂结构		—		0.8	0.7	5

6.4　正常工况下计算结果分析

　　本节对四个方案进行计算分析，第 7 章图 7.5.25~图 7.5.40 分别给出了 4 个方案的坝体上、下游面第一、第三主应力等值线图，图中拉应力为正，压应力为负，单位为 MPa。

6.4.1　主要计算成果

通过表 6.1.1 所列四个方案的三维有限元整体模型计算结果的综合分析，获得了坝体在不同荷载组合情况下的应力、位移成果以及由超载法获得的破坏过程、破坏形态及其破坏机理，现就各方案的应力及位移成果分列并汇总（表 6.4.1~表 6.4.4）。

表 6.4.1　各方案成果汇总表

荷载工况	方案一 （无缝）	方案二 （四条诱导缝）	方案三 （诱导缝+周边缝）	方案四 （三条诱导缝）
正常工况 （水压+沙压+温降 +自重）	(1)坝体上下游主应力分布 (2)坝体上下游面位移分布	(1)坝体上下游主应力分布 (2)坝体上下游面位移分布	(1)坝体上下游主应力分布 (2)坝体上下游面位移分布	(1)坝体上下游主应力分布 (2)坝体上下游面位移分布
超载工况 （水压超载+沙压+ 温降+自重）	(1)整体破坏过程 (2)整体破坏形态 (3)破坏机理	(1)整体破坏过程 (2)整体破坏形态 (3)破坏机理	(1)整体破坏过程 (2)整体破坏形态 (3)破坏机理	(1)整体破坏过程 (2)整体破坏形态 (3)破坏机理

表 6.4.2　各方案上游坝面最大主应力对照表

方案	最大主压应力		最大主拉应力	
	数值/MPa	出现部位	数值/MPa	出现部位
一 （无缝）	−14.387	2085.00m 左拱端	1.07	2015.00m 右拱端
二 （四条诱导缝）	−13.323	2085.00m 左拱端	1.280	2017.00m 右拱端
三 （诱导缝+周边缝）	−8.891	1960.00m 左坝基	0.865	1960.00m 拱冠
四 （三条诱导缝）	−12.01	2085.00m 左拱端	1.310	2000.00m 右拱端

表 6.4.3　各方案下游坝面最大主应力对照表

方案	最大主压应力		最大主拉应力	
	数值/MPa	出现部位	数值/MPa	出现部位
一 （无缝）	−15.261	2085.00m 左拱端	1.16	2085.00m 拱冠
二 （四条诱导缝）	−14.21	2085.00m 左拱端	0.946	2085.00m 拱冠
三 （诱导缝+周边缝）	−11.039	1960.00m 左坝基	0.585	2090.00m 拱冠
四 （三条诱导缝）	−12.758	2085.00m 左拱端	1.180	2085.00m 拱冠

表 6.4.4 各方案最大径向位移对照表

方案	数值/mm	出现部位
一(无缝)	19.3	2050.00m 拱冠梁
二(四条诱导缝)	45.8	2092.00m 拱冠梁
三(诱导缝+周边缝)	58.2	2092.00m 拱冠梁
四(三条诱导缝)	44.0	2092.00m 拱冠梁

6.4.2 坝体位移分布特点分析

根据 ANSYS 软件的后处理功能，获得了坝体的径向变位、切向变位和竖向变位的位移关系云图，详见第 7 章图 7.5.1~图 7.5.24。四个方案坝体位移分布基本对称，总体规律符合常规，即拱冠位移大于拱端位移，坝体上部位移大于下部位移。图中的变位值均是原型的变位值，位移单位为 m，径向变位以向下游为正，切向变位以向右岸为正，竖向变位以上抬为正。位移分布特点具体如下。

(1)由于坝体结构基本对称，在简化地基条件下，坝体的左右半拱的位移分布基本对称，只是左半拱位移稍大于右半拱位移，这是左半拱的长度比右半拱的长度略长而造成荷载分布的不对称导致的。

(2)四个方案的坝体的径向变位基本对称，且向下游变位，总体变位较小，其中方案一中坝体最大径向变位发生在 2085m 高程附近，其他三个方案坝体最大径向变位在 2092m 高程坝顶拱冠处，且位移值比方案一有所增大。对比各方案坝体的径向变位，以方案三拱冠部位的径向变位为最大，方案二、方案四次之，方案一最小，详见表 5.4.4、第 7 章图 7.5.1~图 7.5.8。之所以如此，是因为方案三设置了周边应力释放缝，在坝体中部还设有两条诱导缝，导致拱向刚度有所减小，特别是在两拱端设了周边应力释放缝后，虽然对坝体的应力有所控制，但是影响了坝体整体的刚度，还削弱了边界的约束能力，导致变位增大，且大于方案二以及方案一，这是符合实际的；方案二设置了四条诱导缝，梁向的刚度没有变，但是拱向的刚度削弱，所以比方案一的变位大；方案一坝体无缝，刚度较大，自然变位值就相对较小。

(3)设缝方案的坝体径向位移均在诱导缝两侧有错动，诱导缝两侧的位移值在近拱冠一侧的位移值比近拱端一侧的大，说明坝体中间的变位增大，设缝后，坝体同一高程的位移变幅增大，这对保持坝体的整体性有一定影响，其中，尤以方案三最为明显，因此坝体上的结构缝必须做好灌浆后处理，以保证坝体的整体性。

(4)坝体切向变位总体符合常规，拱端向两岸山里变位，拱冠变位较小，且偏向左岸有微小变位。坝体设缝后，切向变位值以 2#、3#缝面附近较大，且在设缝位置发生错动。详见第 7 章图 7.5.9~图 7.5.16。

(5)坝体竖向变位总体是以坝体中下部变位较大，设缝后由于刚度削弱，竖向变位增大，但三个设缝方案的竖向位移值相近，差异不大。坝体设缝后，竖向位移值以缝面附近较大，且在设缝位置发生错动。详见第 7 章图 7.5.17~图 7.5.24。

6.4.3 坝体应力分布特性分析

在正常运行期，无论坝体设缝或者不设缝以及设缝的类型和缝的组合情况如何，只要缝未发生开裂，坝体应力分布规律基本上相似，各方案的应力水平也相差不大，均可以满足设计的要求。而进入超载阶段，随着缝面的裂纹分布增加，坝体的应力以及位移分布有明显的变化。正常工况下，各方案的坝体应力分布图详见第 7 章图 7.5.25~图 7.5.40。本节主要对主应力的分布情况进行说明，正应力及剪应力的分布从略。由各个方案的主应力分布可以看出有以下特点。

1. 上游坝面的主应力分布特点

各方案的坝体上游坝面在正常工况下的主应力分布总的规律是：各方案主应力分布基本对称，坝体上游面主拉应力区一般是出现在坝体与基岩连接部位及坝体顶部，主拉应力值较大的区域出现在坝体中下部的拱端；主压应力区分布于整个上游坝面，总体分布规律一致，总是下部的压应力大于上部，拱端的大于拱冠，方案一、方案二、方案四主压应力值较大的区域在坝体顶部拱端附近以及坝踵附近。方案一、方案二、方案四的主拉应力及主应力水平相差不大，只是设缝方案相对无缝方案，坝体主拉应力区域有所缩小，坝体中部的主压应力值有所减小。具体有以下特点。

(1)主应力分布基本对称。由于坝体基本对称，简化地基条件下左右半拱的主压应力基本对称，这与左右半拱的变位基本对称是相协调的。

(2)各方案的主拉应力区沿坝体与基岩的交接处分布，方案一、方案二、方案四的拉应力值较大的区域在坝体中下部(2000.0~2046.0m 高程)的拱端，方案三较大的拉应力值在坝踵附近出现，这是由于设置了周边应力释放缝后，方案三坝体的拱向刚度削弱，梁向分布特点明显。

(3)由于各方案坝体结构特性有所不同，因此坝体应力有所调整变化，设缝方案的坝体主拉应力区缩小，如方案二、方案四，但是最大拉应力值有所增大。就正常工况来看，最大拉应力值为：方案四最大，方案二与方案一次之，方案三最小，但是均没有超出设计要求。方案一的最大主拉应力出现在 2015.0m 高程右拱端，其值为 1.07MPa，方案二的最大主拉应力出现在 2017.0m 高程右拱端，其值为 1.280MPa，其次，在诱导缝的底部及上部也出现了一定的应力集中现象，这是由于缝的底部与拱端基面形成了狭窄三角区，又是缝的端部，导致了该部位的应力集中，并对相邻部位的应力分布有一定的影响，而对其余部位的应力影响相对较小，方案四的缝端也出现了类似的情况，在 1#诱导缝的底部及上部出现了应力集中，建议做好缝端的处理。方案四设有周边应力释放缝，坝体的拱向效应减小，拉应力区仅在坝体的上部以及坝踵出现，最大值位于坝踵，值为 0.865MPa。

(4)方案一坝体的中上部主拉应力区域较大，设置诱导缝后，拱端拉应力较大的现象得到了有效的控制，特别是方案三设置了周边应力释放缝后，只要缝未开裂，既可以降低拱端上游的拉应力水平其至可以将部分区域的拉应力变为压应力，又可以改善全坝的应力状态，在碾压混凝土拱坝中，设置周边应力释放缝是有好处的。因此，对防止坝体过大拉应力导致坝面开裂，诱导缝及周边缝的作用明显，但应力释放缝的深度以及处理值得进一步研究。

(5)坝体上游面的主压应力值总体规律一致，大拉应力区集中在顶部拱端附近以及坝踵附近，设缝后压应力值有一定的减小，如方案二中坝体近拱端设缝后，坝体两端的压应力值比无缝方案有一定程度的减小。四个方案的最大主压应力从大到小为方案一、方案二、方案四、方案三，其值分别为–14.387MPa、–13.323MPa、–12.01MPa、–8.891MPa，其中方案一、方案二、方案四的最大压应力值出现在坝体 2085.0m 高程拱端，方案三的位于坝踵，这是设置了周边应力释放缝，拱向刚度削弱导致的。

(6)比较各个方案的主拉应力的分布，坝体中部的拱端部位主拉应力值往往较大，而在天然地基条件下，这些部位又是断层、长大裂隙带交错的区域，势必会导致坝肩部位的刚度削弱，承载力下降，因此，对两坝肩的断层及长大裂隙带进行处理是十分必要的。

2. 下游坝面的主应力分布特点

各方案下游坝面的主应力分布规律是：主应力分布规律大体一致、分布基本对称，其最大主压应力出现在拱端，数值相差不大，坝体与基岩交接处的压应力值较大，设缝方案比无缝方案的压应力值有所减小；最大主拉应力出现在拱冠，设缝方案的主拉应力值减小，且在竖直方向上的延伸区域变小，尤其以方案二与方案三更为明显。

(1)下游坝面的应力分布规律基本上呈现对称分布，只是在与缝相邻部位的应力有所变化和调整，其余部位的影响较小，设置诱导缝对减小坝体顶部的拉应力有明显的控制作用，方案二设置四条诱导缝后，拉应力值有明显减小，且拉应力区范围缩小，方案三设置了周边应力缝，对应力调整的幅度最为明显。此外，各个方案在缝端区域也出现一定程度的应力集中现象。

(2)各方案的最大主压应力由大到小依次为：方案一、方案二、方案四、方案三。除方案三的坝体最大主压应力出现在坝体底部外，其他三个方案均出现在拱端，依次为–15.261MPa、–14.21MPa、–12.7581MPa、–11.039MPa，详见表6.4.3。

（3）下游坝面的最大主拉应力出现在坝体2085.0m高程拱冠处，方案一的主拉应力最大，方案四、方案二次之，方案三最小。

3. 主应力分布特点小结

综上所述，在正常运行期，无论坝体设缝或者不设缝以及缝的类型如何，只要缝未开裂，坝体的应力水平的总体规律无明显的变化，只有超载到一定荷载水平后，坝体的应力才会出现较大的改变，详见破坏阶段的成果分析。同时，碾压混凝土拱坝采用周边应力释放缝与诱导缝相结合的分缝形式对坝体的应力分布有一定的优化，可以有效地缩小拉应力分布区域，虽然最值有所增大，但总体来看是可行的。其中，方案二左右对称设置四条诱导缝，有效地缩小了坝体拉应力区，减小了坝体中间区域的压应力值，并且对坝肩部位的压应力值较大区域也有一定的缩小控制作用，还兼顾了坝体应力的整体对称性，总体更优一些。

6.5　不同方案下坝与坝肩的超载特性分析

本节采用超载法对立洲碾压混凝土拱坝的四个方案进行数值分析，根据四个方案坝体的变位特性、混凝土裂纹分布以及坝肩整体的破坏过程及破坏形态，进一步分析论证坝体分缝形式的合理性及可靠性。本节研究的重点是不同分缝形式方案中坝体结构的破坏特性，而地质力学模型试验的重点是研究坝肩整体的稳定性，这是需要明确的。

从四个方案总的破坏过程及超载特性可以看出，无论坝体分缝形式如何，都有其共同的破坏特点：一是从混凝土裂纹分布区域来看，坝体下部的裂纹分布比上部密集，拱端与基岩的交接处裂纹分布比坝体中间区域密集，并且随着荷载的增大，固结端及坝体底部的裂纹持续增多，由固结端向坝体中上部发展；二是左半拱的裂纹区域分布比右半拱密，这与左右半拱的结构特性相关；三是1#、4#诱导缝比2#诱导缝附近裂纹分布密集，这是因为固结端的应力比较大，该形态是与应力分布相协调的；四是在近拱端附近的1#、4#诱导缝底部，由于缝与拱基面间形成三角区，更导致应力集中，致使1#、4#诱导缝底部出现较为密集的裂纹分布区域。另外，由于左右半拱基本对称，仅左半拱的长度略长于右半拱，由此造成左半拱的外荷载比右半拱大，特别是随着超载倍数的增大，右半拱的变位逐渐增大，略大于左半拱的变位。

6.5.1　方案一（无缝）计算成果及分析

方案一坝体无缝，相当于一个三边固结一面临空的抛物线形对称壳体结构，由于左半拱的长度比右半拱的长度略长，造成坝体承受不对称的非均布荷载，坝体下部承受的荷载比上部大。方案一坝体变位、裂纹分布特点及破坏过程如下。

1. 坝体混凝土开裂区裂纹分布

从坝体上下游坝面的混凝土开裂区裂纹分布图（图 7.5.57 和图 7.5.61）来看，在 $1P_0$ 工况下，裂纹先在固结边界处比较密集，并往中部扩展，随着超载倍数的增加，裂纹区域继续呈现由拱端向坝体中部扩展，由坝踵向上部扩展的趋势；超载至 $5P_0$ 时，在下游坝面中部及拱冠顶部纵向位移较大的区域，裂纹的分布持续扩展、加密；至 $7P_0$ 时，上游坝面拱端及坝踵的裂纹区域基本贯通，下游坝面裂纹区域从左至右基本贯通。

2. 坝体的径向变位特性

方案一由于坝体无缝，随着外荷载的增大，坝体的径向变位发展变化较均匀，左右半拱的位移基本对称，其中，坝体拱冠 2040.0～2055.0m 高程径向变位的变幅比坝体其他高程变幅大；正常工况下，坝体顺河向最大变位处于 2060.0m 高程拱冠附近，值为 19.3mm，超载系数 K_p=7.0 时，坝体顺河向最大变位处于 2045.0m 高程拱冠附近，值为 145.4mm。详见第 7 章图 7.5.41 和图 7.5.45。

3. 方案一坝与坝肩的超载特性

无缝方案下坝肩的塑性破坏过程见第 7 章图 7.5.49 和图 7.5.53，由图可得以下结论。

（1）K_p=3.5～4.0 时，坝体下部裂纹分布密集，自拱端部位向中心区域延伸，坝顶部位出现竖向条状的裂纹分布区域；左坝肩 1990～2021m 高程出现塑性区，两拱端基面 1960.0m 高程局部出现塑性区，但范围都不大。

（2）K_p=5.0～6.0 时，坝体下部裂纹分布区域向上延伸，下游坝面两拱端的裂纹区域扩展至坝体中上部，坝体顶部的裂纹向下发展；左坝肩自 1990～2075m 高程范围内出现塑性区，延伸长度达 80m；右坝肩的塑性区由坝基向上延伸约 60m，坝基塑性区进一步扩大，并向河床中心延伸。

（3）K_p=6.5～7.0 时，上游坝面两拱端位置裂纹分布较为密集并向上延伸，下游坝面中上部裂纹分布区域从左到右基本贯通，坝体顶部的裂纹区域向下发展，密度增大；左坝肩塑性区由下至上基本贯通，右坝肩塑性区向上延伸至 2080.0m 高程，坝基塑性区进一步扩大至基本贯通，并有向河床上游发展的趋势。

图 6.5.1 给出了建基面左右坝肩典型节点顺河向位移与超载倍数关系曲线。从曲线可以看出，坝肩最大顺河向位移在 K_p=2.8 左右出现第一个拐点，在 K_p=6.8 后出现了第二个拐点，且位移值变化较大；至 K_p=7.2 后，曲线值不再收敛。综合评价，方案一的超载安全度为 K_p=6.8～7.0。

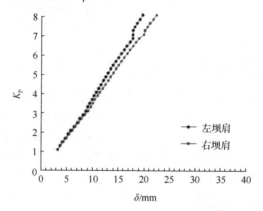

图 6.5.1　方案一坝肩顺河向位移与超载倍数关系曲线

6.5.2　方案二（四条缝）计算成果及分析

方案二设四条诱导缝，将坝体分为了五段组合，在一定程度上拱的刚度有所削弱，梁的作用相应增强，在坝体近坝肩部位各设两条诱导缝，对拱端附近的裂纹分布及位移分布有一定的影响，具体有以下三方面的特点。

1. 坝体混凝土开裂区裂纹分布

在坝体结构、荷载分布的综合影响下，在 $1P_0$ 工况下，坝体混凝土开裂区的裂纹首先在固结边界处以及诱导缝附近聚集，并由拱端的固结端及坝踵向坝体中上部发展；超载至 $5P_0$ 时，裂纹分布从坝体的固结边界及 1#、4#诱导缝所在的位置向坝体其他部位扩展加密；至 $6.5P_0$～$7P_0$ 时，上游面坝顶部位出现裂纹分布带，诱导缝及缝附近的裂纹基本贯通，下游面坝体中上部的裂纹从左至右基本贯通，且裂纹的分布比坝体无缝时更为密集。由坝体的超载破坏过程来看，1#诱导缝的裂纹分布最为密集，4#缝次之，1#、2#缝破坏较小，这为诱导缝灌浆的先后顺序提供了一些参考。详见第 7 章图 7.5.58 和图 7.5.62。

2. 坝体的径向变位特性

方案二的坝体径向变位整体呈现向下游变位的趋势，变位值沿缝面呈现错动，近拱冠一侧的位移大于近拱端一侧的位移，随着超载倍数的增大，这一现象更加明显，且坝体拱冠 2030.0～2045.0m 高程径向变位的变幅比坝体其他高程变幅大。正常工况下，坝体最大径向变位位于拱冠梁顶部，值为 45.8mm；随着超载倍数的增大，坝体的中上部区域径向变位快速增大，超载至 7.0 倍荷载时，最大径向变位出现在 2045.0m 高程，值为 272.5mm。详见第 7 章图 7.5.42 和图 7.5.46。

3. 方案二坝与坝肩的超载特性

方案二的坝肩塑性破坏过程见第 7 章图 7.5.50 和图 7.5.54，坝肩的超载破坏过程与方案一基本一致，由图可得以下结论。

(1) K_p=3.5～4.0 时，左坝肩 1980～2021m 高程出现塑性区，右坝肩在 1990m 高程附近出现塑性区，两坝端基面 1960.0m 高程局部出现塑性区，但范围都不大。

(2) K_p=5.0～6.0 时，坝体下游坝面两拱端的裂纹区域扩展至坝体中上部，坝体上游坝面的坝踵区裂纹分布向上延伸，坝体顶部的裂纹向下发展；左坝肩自 1960～2050m 高程范围内出现塑性区，延伸长度达 90m；右坝肩的塑性区由坝基向上延伸约 70m，坝基塑性区进一步扩大，并向河床中心延伸。

(3) K_p=6.5～7.0 时，左坝肩塑性区由下至上基本贯通，右坝肩塑性区向上延伸至 2085.0m 高程，坝基塑性区进一步扩大至基本贯通，并有向河床上游发展的趋势。坝体两拱端基岩交接处的裂纹分布基本贯通，诱导缝及缝附近的裂纹分布密集、贯通，下游坝面中上部裂纹分布区域从左到右基本贯通，坝体顶部的裂纹区域向下延伸至 2040m 高程，裂纹分布的密度较大。

图 6.5.2 给出了方案二的两坝肩典型节点顺河向位移与超载倍数关系曲线。从曲线可以看出，坝肩的顺河向最大位移在 K_p=4.2 出现第一个拐点，在 K_p=6.2 后出现了第二个拐点，且拐点之后的位移值变化幅度较大；至 K_p=7.4 后，曲线不再收敛。综合评价，方案二的超载安全度 K_p=6.2～6.4。

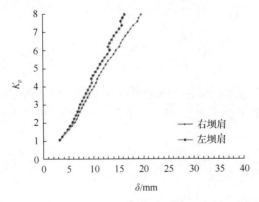

图 6.5.2 方案二坝肩顺河向位移与超载倍数关系曲线

6.5.3　方案三(周边缝)计算成果及分析

方案三由于坝体两拱端设有周边应力释放缝,中间设有两条诱导缝,坝体由三块组合成整体,特别是周边缝的设置,削弱了坝体的梁向与拱向的刚度,坝体的裂纹出现更早,且同步荷载条件下,裂纹分布更为密集,坝体的径向变位也较大。具体特点如下。

1. 坝体混凝土开裂区裂纹分布

根据不同区块坝体的结构特点、荷载分布的综合影响,超载至 $2P_0$ 时,坝体与基岩交接面的裂纹分布比方案一、方案二更为密集,且在 2#、3# 诱导缝附近有裂纹分布;超载至 $4P_0$ 时,上游坝面的裂纹自坝体底部及拱端向坝体中上部发展,下游坝面中上部的裂纹区域已初现贯通的趋势;超载至 $6P_0$ 时,下游坝面裂纹区域大面积贯通,并且与下部的裂纹有相互贯通的趋势。超载至 $7P_0$ ~ $8P_0$ 时,下游坝面的裂纹区域基本贯通,上游坝面中上部的裂纹区域也出现贯通,这在方案一与方案二中是未出现的。详见第 7 章图 7.5.59 和图 7.5.63。

2. 坝体的径向变位特性

超载条件下,方案三坝体的径向变位基本对称,其发展规律与方案二类似,只是方案三变位值的变化幅度比方案二大。K_p=7.0 时,顺河向最大变位值为303.2mm,且拱端与基岩面交接处的顺河向变位值达到 137.7mm。详见第 7 章图7.5.43 和图 7.5.47。

3. 方案三坝与坝肩的超载特性

方案三中坝肩的塑性破坏过程见第 7 章图 7.5.51 和图 7.5.55,由图可得以下结论。

(1) K_p=2.0 ~ 3.0 时,左坝肩中上部出现塑性区,两坝端基面 1960.0m 高程局部出现塑性区。

(2) K_p=4.5 ~ 5.5 时,左坝肩除基面外,从 1980m 高程至 2080m 高程出现塑性区,右坝肩出现塑性区并延伸至 2050m 高程,坝基塑性区进一步扩大,并向河床中心延伸。

(3) K_p=6.0 ~ 7.0 时,左坝肩塑性区基本贯通,右坝肩塑性区向上延伸近 2080m高程,坝基塑性区基本贯通,并向河床上游发展。

图 6.5.3 给出了方案三建基面左右坝肩典型节点顺河向位移与超载倍数关系曲线。从曲线可以看出,坝肩最大顺河向位移在 K_p=2.0 左右出现第一个拐点,在K_p=5.2 后出现第二个拐点,且位移值变化较大;至 K_p=6.4 后,曲线值出现拐点,

随着荷载增加，曲线值基本不再收敛。综合评价，方案三的超载安全度 K_p=5.8～6.2。

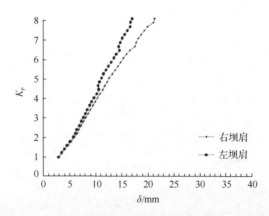

图 6.5.3　方案三坝肩顺河向位移与超载倍数关系曲线

6.5.4　方案四（三条缝）计算成果及分析

方案四设三条诱导缝，在坝体近左坝肩部位设一条诱导缝，近右坝肩部位不设缝，相当于坝体由四段组合而成，拱的刚度有一定的削弱，类似于方案二，但是由于诱导缝的分布不对称，其裂纹分布、坝体径向位移及破坏过程有以下特点。

1. 坝体混凝土开裂区裂纹分布

类似于方案一、方案二以及方案三，方案四的坝体混凝土开裂区的裂纹由固结边界处以及诱导缝附近向坝体中上部发展，不同的是，方案四坝体左半拱的裂纹区域比右半拱更早出现，且裂纹分布区域的密度也比右半拱更密；K_p=7.0 时，上游面坝顶部位出现裂纹分布带，下游面坝体中上部的裂纹从左至右基本贯通，其中左拱端的裂纹密度比右拱端更大，右拱端的诱导缝及缝附近裂纹基本贯通，方案四坝体下游坝面的裂纹密度比方案二更密集，并且由坝顶向下的延伸范围更长。详见第 7 章图 7.5.60 和图 7.5.64。

2. 坝体的径向变位特性

方案四坝体的径向变位整体呈现向下游变位，近拱冠一侧的变位大于近拱端一侧的变位，缝面呈现错动，随着超载倍数的增大，错动更为明显；坝体拱冠 2035.0～2045.0m 高程径向变位的变幅比坝体其他高程变幅大。随着超载倍数的增大，坝体顺河向最大变位的变化幅度小于方案二，这是由于方案四拱向刚度的削弱程度小于方案二；K_p=7.0 时，顺河向最大变位值为 246.0mm。详见第 7 章图 7.5.44

和图 7.5.48。

3. 方案四坝与坝肩的超载特性

方案四的坝肩塑性破坏过程见第 7 章图 7.5.52 和图 7.5.56，由图可见，坝肩的超载过程与方案二基本相似，在超载系数 K_p=7.0 时，左坝肩的塑性区基本贯通，右坝肩的塑性区在 1960～2075m 高程基本贯通，模型破坏。图 6.5.4 给出了方案四的两坝肩典型节点顺河向位移与超载倍数关系曲线。从曲线可以看出，坝肩最大顺河向位移在 K_p=4.4 时出现第一个拐点，在 K_p=6.4 后出现第二个拐点，且拐点之后的位移值变化幅度较大；至 K_p=7.6 后，曲线不再收敛。综合评价，方案四的超载安全度 K_p=6.4～6.6。

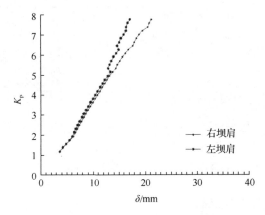

图 6.5.4　方案四坝肩顺河向位移与超载倍数关系曲线

6.6　本章小结及推荐方案

由四个方案的整体模型的计算成果综合分析，在立洲拱坝的正常运行期内，无论坝体设缝或者不设缝以及设缝的类型和缝的组合情况如何，只要缝未发生开裂，坝体应力及位移分布规律基本上相似，其应力和位移水平也相差不大，均可以满足设计要求。而进入超载阶段，随着缝面的裂纹分布增加，坝体的应力以及位移分布有明显的变化。

正常工况下，坝体设诱导缝或周边应力释放缝后，拱端拉应力较大的现象得到了一定的控制，其中以方案二及方案三较为明显，设缝后坝体的拉应力区域缩小，降低了上游面拱端及下游面拱冠的拉应力水平甚至变为压应力，对防止坝体过大拉应力导致坝面开裂作用明显。其中方案三周边缝的设置虽然在应力控制方面的效果较为明显，但是对坝体的拱向刚度有较大程度削弱，并且在碾压混凝土拱坝中，应力释放缝的深度以及处理值得进一步研究。

坝体设诱导缝或周边应力释放缝后，坝体的位移水平有一定程度的变化，但是在正常工况下，各方案坝体的变位均比较小，在超载工况下，各方案的位移水平有变化，对比设缝方案的径向变位，其中以方案三拱冠的径向变位最大，方案二、方案四次之且数值相近，这是由于设缝在一定程度上减小了坝体的刚度，其中周边应力释放缝的设置对边界的约束能力还有一定程度的影响。因此需要做好坝体诱导缝的处理，以确保坝体的整体性。此外，在坝体的缝端区域出现一定的应力集中，并且这些区域裂纹分布也是较为密集，因此建议做好缝端的处理。

通过分析坝体及坝肩在超载工况下的裂纹分布、位移变化及塑性区分布，综合得出了各方案的超载安全度，其中方案一的超载安全度为 K_p=6.8～7.0，方案二的超载安全度 K_p=6.2～6.4，方案三的超载安全度 K_p=5.8～6.2，方案四的超载安全度 K_p=6.4～6.6。

综上所述，从坝体的应力水平、变位分布以及超载工作特性综合考虑，相比于方案一，方案二有效地控制了坝体的拉应力水平，拉应力区域较小，拉应力区域或裂纹多分布在诱导缝区域，通过灌浆可以处理，且方案二对压应力水平也有一定的控制；相比于方案三及方案四，方案二的坝体整体变位相对较小，其整体性相对较好；此外，相对于方案三，方案二对称布置四条诱导缝对坝体应力、变位的均匀分布有一定好处，且方案二的超载安全度也较高。综合分析各方案应力、变形及整体超载安全系数影响程度，本章认为方案二(设置四条诱导缝)在四个方案中相对较优，故推荐。

第 7 章 成果附图及照片

7.1 模型试验附图

7.1.1 模型量测系统布置

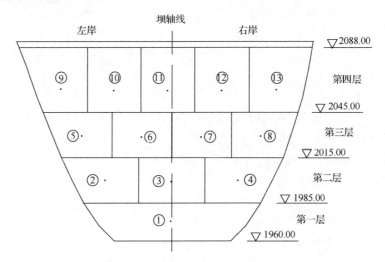

图 7.1.1 上游坝面荷载分层分块与编号图

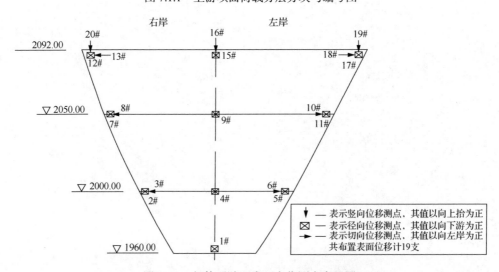

图 7.1.2 坝体下游面表面变位测点布置图

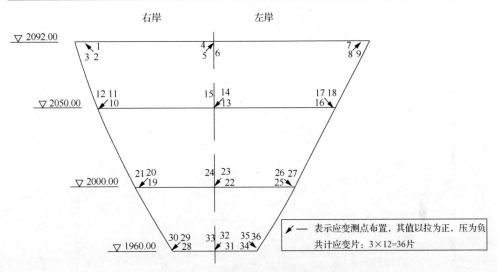

图 7.1.3　下游坝面应变测点布置图

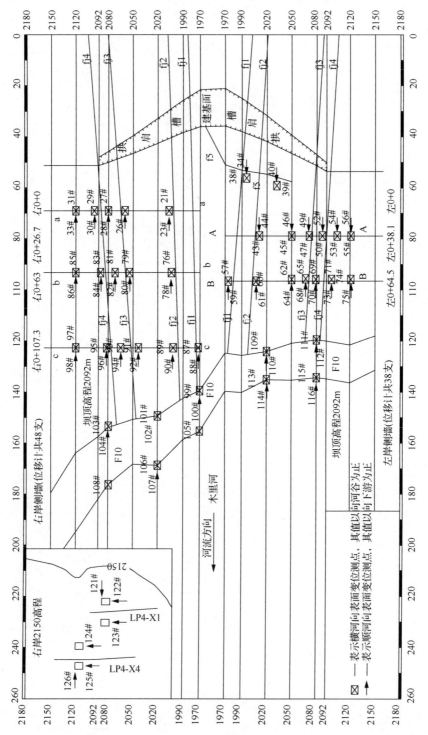

图7.1.4　模型两坝肩及抗力体表面变位测点布置

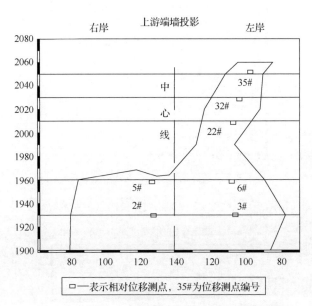

图 7.1.5 断层 f5 内部相对变位测点布置展示图

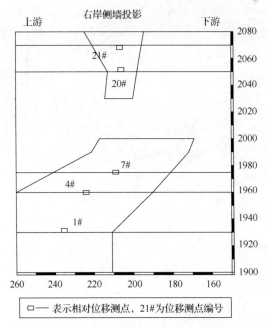

图 7.1.6 断层 f4 内部相对变位测点布置展示图

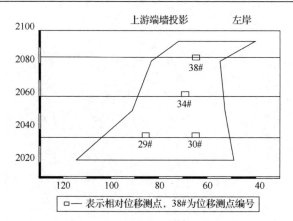

图 7.1.7　裂隙 L2 内部相对变位测点布置展示图

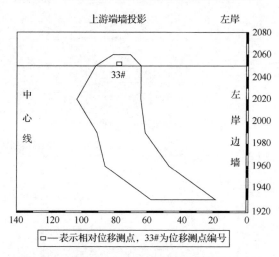

图 7.1.8　裂隙 L1 内部相对变位测点布置展示图

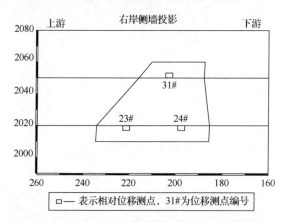

图 7.1.9　裂隙 Lp285 内部相对变位测点布置展示图

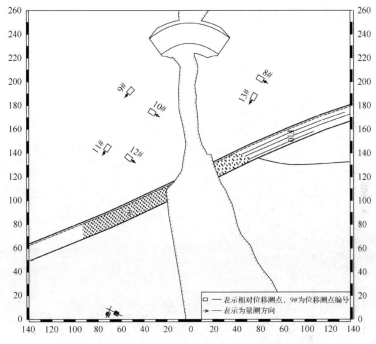

图 7.1.10　层间剪切带 fj1 内部相对变位测点布置图

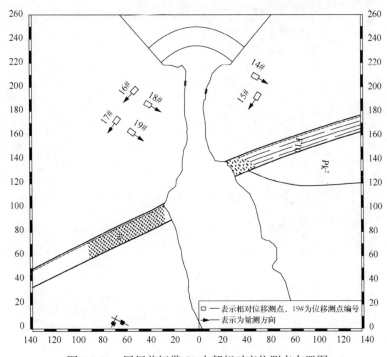

图 7.1.11　层间剪切带 fj2 内部相对变位测点布置图

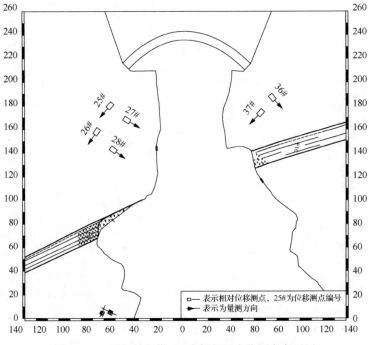

图 7.1.12　层间剪切带 fj3 内部相对变位测点布置图

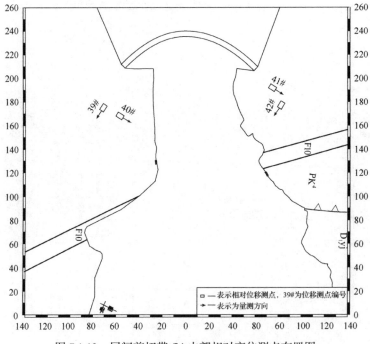

图 7.1.13　层间剪切带 fj4 内部相对变位测点布置图

7.1.2　坝体变位量测

本节图中，径向变位以向下游为正，切向变位以向左岸为正，竖向变位以上抬为正。

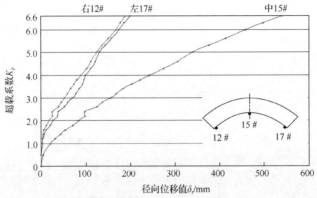

图 7.1.14　2092m 高程拱圈下游面径向变位 δ_r-K_p 关系曲线

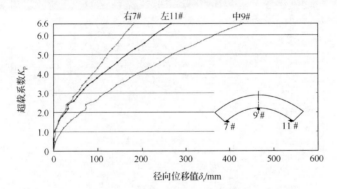

图 7.1.15　2050m 高程拱圈下游面径向变位 δ_r-K_p 关系曲线

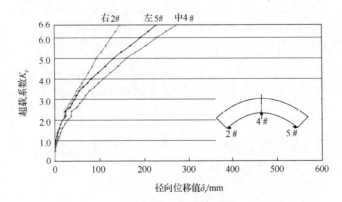

图 7.1.16　2000m 高程拱圈下游面径向变位 δ_r-K_p 关系曲线

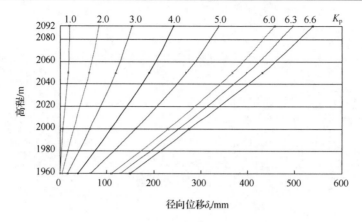

图 7.1.17　拱冠下游面径向变位 δ_r 分布曲线

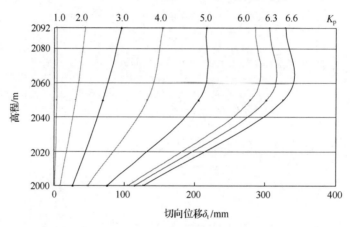

图 7.1.18　左拱端下游面径向变位 δ_r 分布曲线

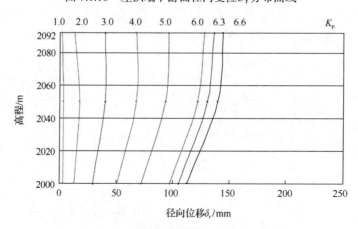

图 7.1.19　右拱端下游面径向变位 δ_r 分布曲线

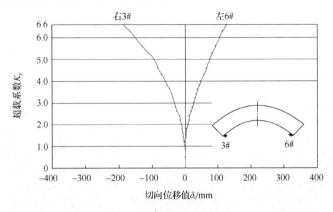

图 7.1.20　2000m 高程拱圈下游面切向变位 δ_t-K_p 关系曲线

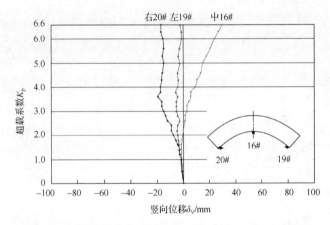

图 7.1.21　2092m 高程拱圈下游面竖向变位 δ_v-K_p 关系曲线

7.1.3　坝体应变量测

本节图中，应变以拉为正，压为负。

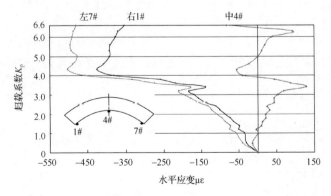

图 7.1.22　2092m 高程拱圈下游面水平应变 $\mu\varepsilon$-K_p 关系曲线

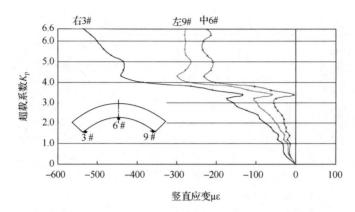

图 7.1.23　2092m 高程拱圈下游面竖直应变 $\mu\varepsilon$-K_p 关系曲线

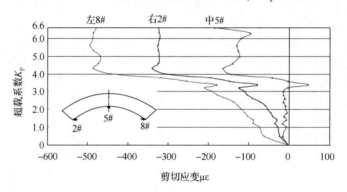

图 7.1.24　2092m 高程拱圈下游面 45°方向应变 $\mu\varepsilon$-K_p 关系曲线

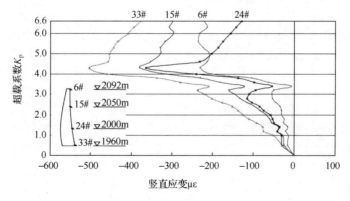

图 7.1.25　拱冠下游面竖直应变 $\mu\varepsilon$-K_p 关系曲线

7.1.4　坝肩及抗力体表面变位量测

本节图中，顺河向变位以向下游为正，向上游为负；横河向变位以向河谷为正，向山里为负。

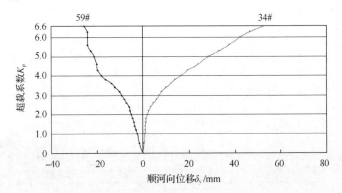

图 7.1.26　左岸 fj1 顺河向变位 δ_y-K_p 关系曲线

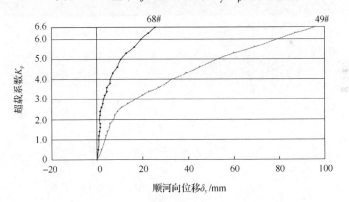

图 7.1.27　左岸 fj3 顺河向变位 δ_y-K_p 关系曲线

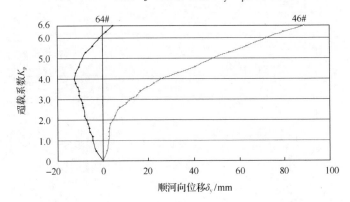

图 7.1.28　左岸 fj2~fj3 顺河向变位 δ_y-K_p 关系曲线

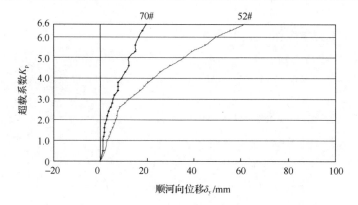

图 7.1.29　左岸 fj3~fj4 顺河向变位 δ_y-K_p 关系曲线

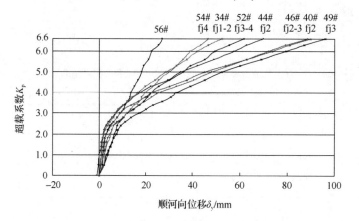

图 7.1.30　左岸 A-A 顺河向变位 δ_y-K_p 关系曲线

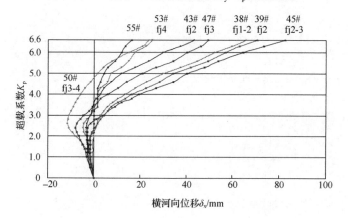

图 7.1.31　左岸 A-A 横河向变位 δ_x-K_p 关系曲线

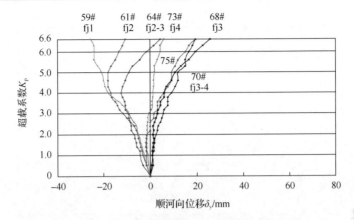

图 7.1.32　左岸 B-B 顺河向变位 δ_y-K_p 关系曲线

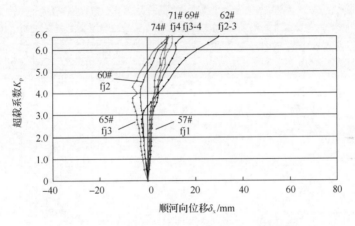

图 7.1.33　左岸 B-B 横河向变位 δ_x-K_p 关系曲线

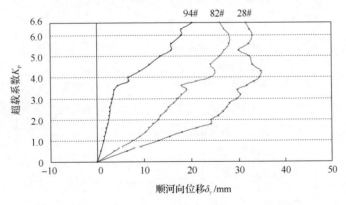

图 7.1.34　右岸 fj3~fj4 顺河向变位 δ_y-K_p 关系曲线

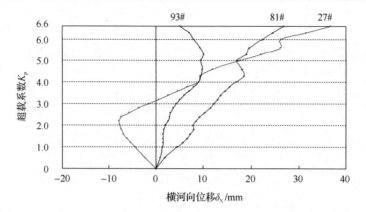

图 7.1.35　右岸 fj3~fj4 横河向变位 δ_x-K_p 关系曲线

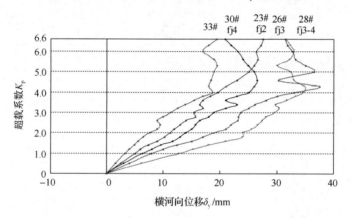

图 7.1.36　右岸 a-a 顺河向变位 δ_y-K_p 关系曲线

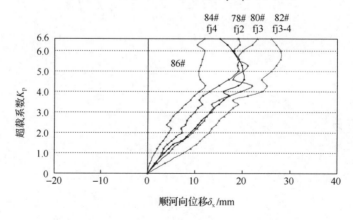

图 7.1.37　右岸 a-a 横河向变位 δ_x-K_p 关系曲线

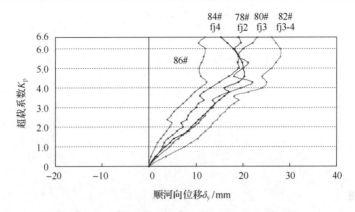

图 7.1.38　右岸 b-b 顺河向变位 δ_y-K_p 关系曲线

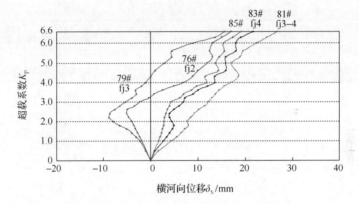

图 7.1.39　右岸 b-b 横河向变位 δ_x-K_p 关系曲线

7.1.5　软弱结构面相对变位量测

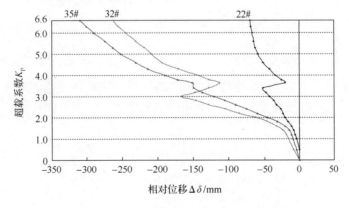

图 7.1.40　f5 坝肩部位相对变位 $\Delta\delta$-K_p 关系曲线

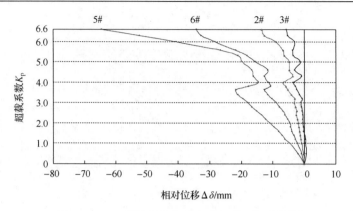

图 7.1.41　f5 坝基部位相对变位 $\Delta\delta$-K_{p} 关系曲线

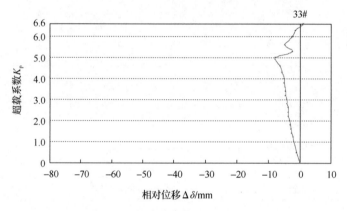

图 7.1.42　L1 相对变位 $\Delta\delta$-K_{p} 关系曲线

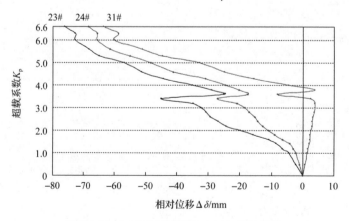

图 7.1.43　Lp285 相对变位 $\Delta\delta$-K_{p} 关系曲线

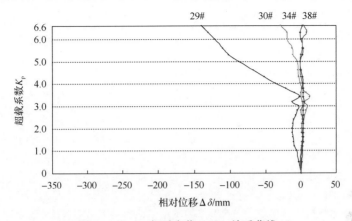

图 7.1.44　L2 相对变位 $\Delta\delta$-K_p 关系曲线

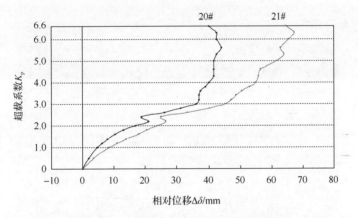

图 7.1.45　右岸 f4 相对变位 $\Delta\delta$-K_p 关系曲线

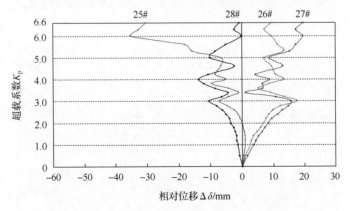

图 7.1.46　右岸 fj3 相对变位 $\Delta\delta$-K_p 关系曲线

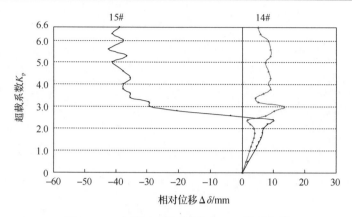

图 7.1.47　左岸 fj2 相对变位 $\Delta\delta$-K_p 关系曲线

7.1.6　最终破坏形态

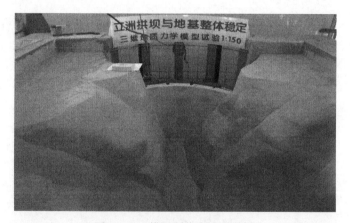

图 7.1.48　模型制作完成全貌图

图 7.1.49　模型表面变位量测系统

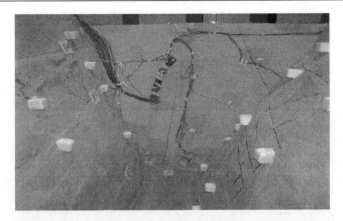

图 7.1.50　坝体最终破坏形态

图 7.1.51　左坝肩最终破坏形态

图 7.1.52　右坝肩最终破坏形态

图 7.1.53　上游坝踵破坏形态

7.2　天然地基有限元计算附图

7.2.1　坝肩及软弱结构面特征点布置

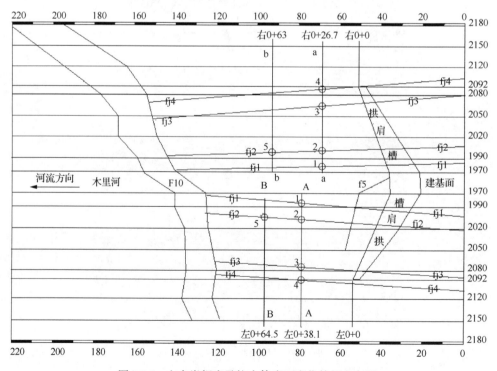

图 7.2.1　左右岸坝肩及抗力体表面变位特征点布置

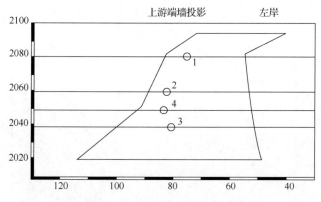

图 7.2.2　L2 相对变位特征点布置

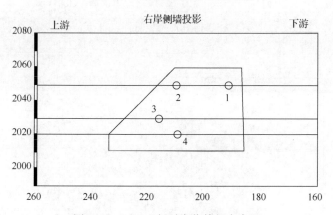

图 7.2.3　Lp285 相对变位特征点布置

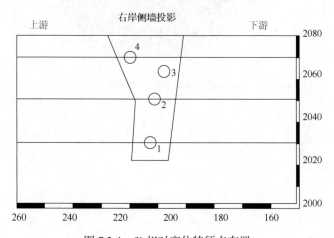

图 7.2.4　f4 相对变位特征点布置

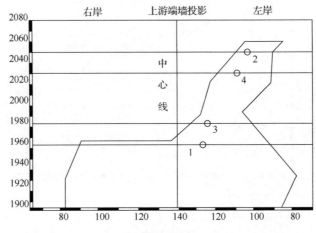

图 7.2.5　f5 相对变位特征点布置

7.2.2　坝体变位云图及变位荷载关系曲线

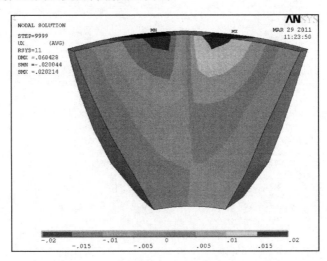

图 7.2.6　$1K_p$ 时坝体下游面切向位移分布图

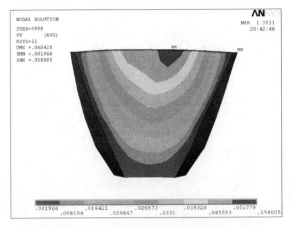

图 7.2.7　$1K_p$ 时坝体下游面径向位移分布图

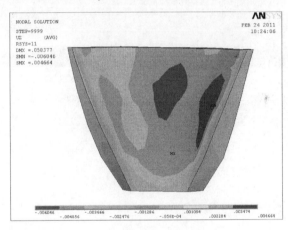

图 7.2.8　$1K_p$ 时坝体下游面竖向位移分布图

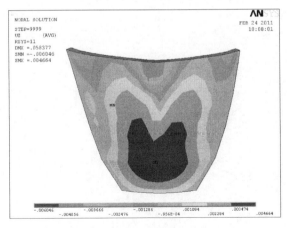

图 7.2.9　$1K_p$ 时坝体上游面竖向位移分布图

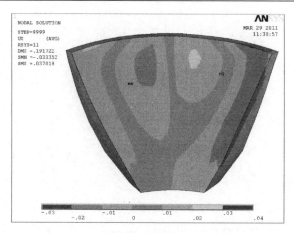

图 7.2.10　$6K_p$ 坝体下游面切向位移分布图

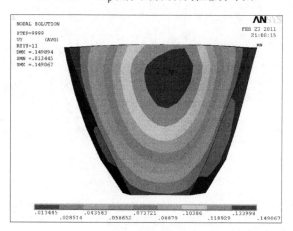

图 7.2.11　$6K_p$ 坝体下游面径向位移分布图

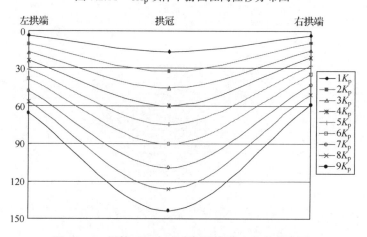

图 7.2.12　坝体 1993m 高程下游面径向位移分布图

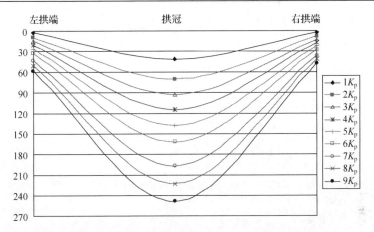

图 7.2.13 坝体 2059m 高程下游面径向位移分布图

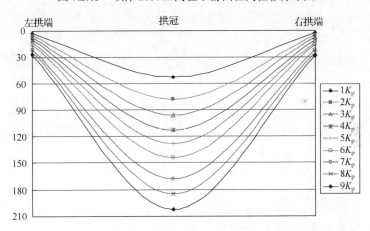

图 7.2.14 坝体 2092m 高程下游面径向位移分布图

图 7.2.12~图 7.2.14 中，径向变位以向下游为正，切向变位以向左岸为正，竖向变位以上抬为正，单位 mm

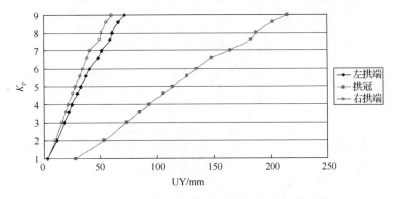

图 7.2.15 坝体 2026m 高程下游面径向位移分布图

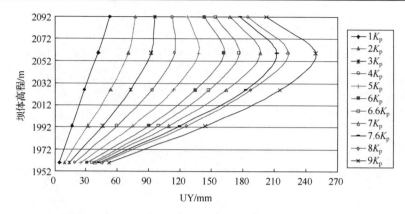

图 7.2.16　拱冠梁下游面特征点径向位移-超载关系曲线

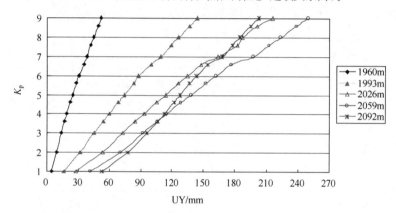

图 7.2.17　拱冠梁下游面不同高程特征点径向位移-超载关系曲线

7.2.3　坝体应变云图

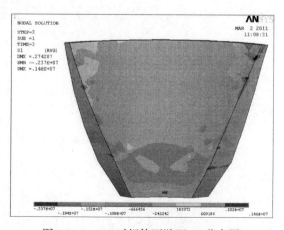

图 7.2.18　$1K_p$ 时坝体下游面 S1 分布图

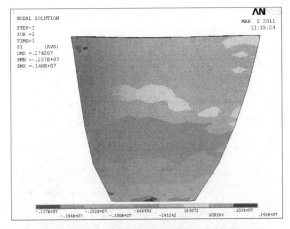

图 7.2.19　$1K_p$ 时坝体上游面 S1 分布图

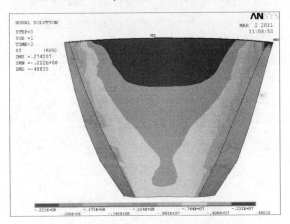

图 7.2.20　$1K_p$ 时坝体下游面 S3 分布图

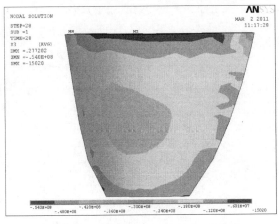

图 7.2.21　$1K_p$ 时坝体上游面 S3 分布图

7.2.4　坝肩表面变位云图及变位荷载关系曲线

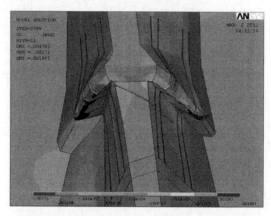

图 7.2.22　$1K_p$ 时坝肩横河向位移分布图

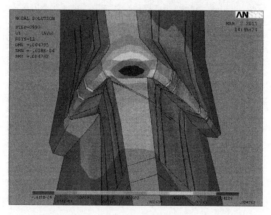

图 7.2.23　$1K_p$ 时坝肩顺河向位移分布图

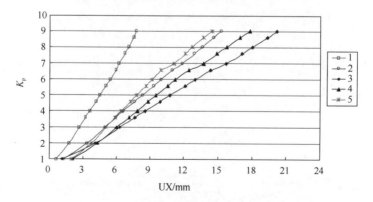

图 7.2.24　左坝肩特征点横河向位移-超载关系曲线

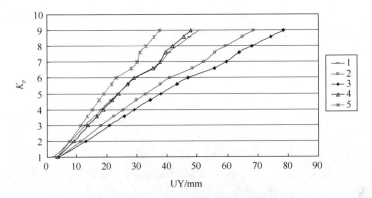

图 7.2.25 左坝肩特征点顺河向位移-超载关系曲线

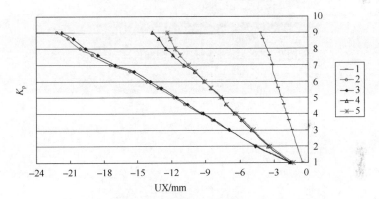

图 7.2.26 右坝肩特征点横河向位移-超载关系曲线

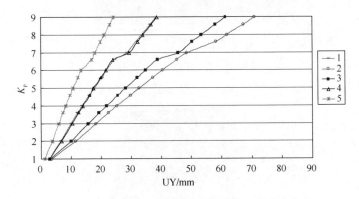

图 7.2.27 右坝肩特征点顺河向位移-超载关系曲线

图 7.2.24~图 7.2.27 中，顺河向变位以向下游为正,横河向变位以向左岸山里为正,单位 mm

7.2.5　软弱结构面变位云图及变位荷载关系曲线

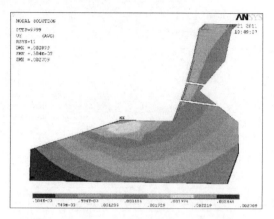

图 7.2.28　K_p=1.0 时 f5 顺河向位移分布图

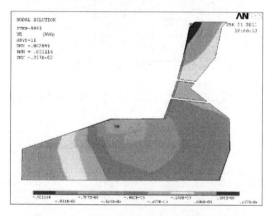

图 7.2.29　K_p=1.0 时 f5 竖直向位移分布图

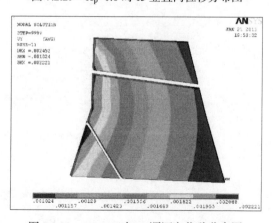

图 7.2.30　K_p=1.0 时 L2 顺河向位移分布图

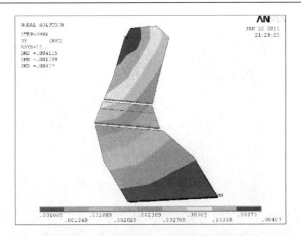

图 7.2.31　K_p=1.0 时 L1 顺河向位移分布图

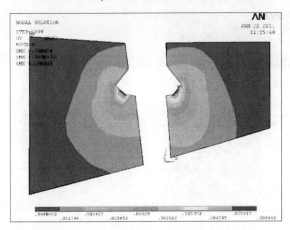

图 7.2.32　K_p=1.0 时 fj1 顺河向位移分布图

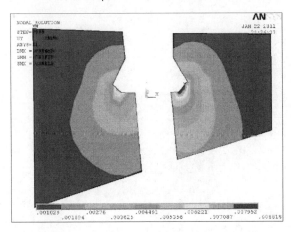

图 7.2.33　K_p=1.0 时 fj2 顺河向位移分布图

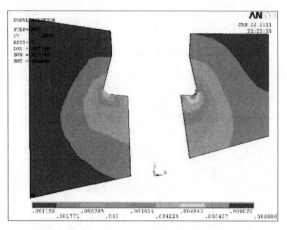

图 7.2.34　K_p=1.0 时 fj3 顺河向位移分布图

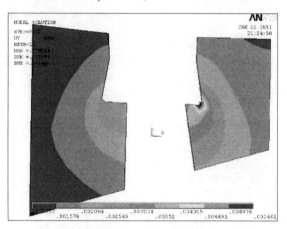

图 7.2.35　K_p=1.0 时 fj4 顺河向位移分布图

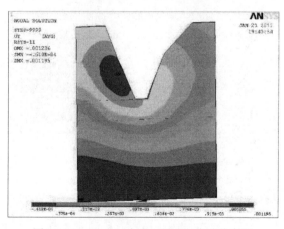

图 7.2.36　K_p=1.0 时 F10 顺河向位移分布图

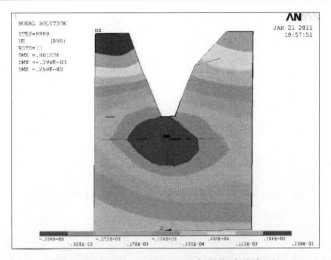

图 7.2.37　K_p=1.0 时 F10 竖直向位移分布图

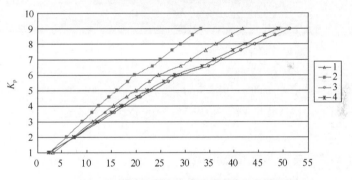

图 7.2.38　断层 f5 特征点顺河向位移-超载关系曲线

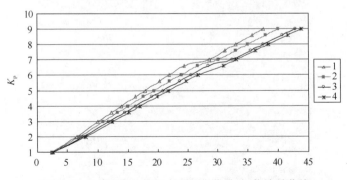

图 7.2.39　断层 L2 特征点顺河向位移-超载关系曲线

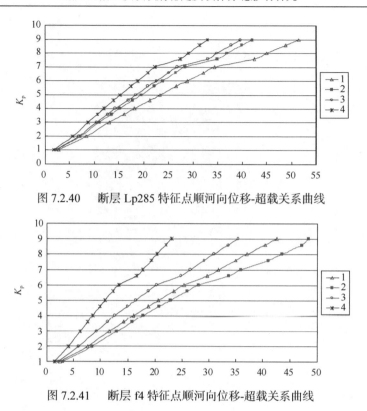

图 7.2.40　　断层 Lp285 特征点顺河向位移-超载关系曲线

图 7.2.41　　断层 f4 特征点顺河向位移-超载关系曲线

7.2.6　坝肩及典型高程平面塑性区云图

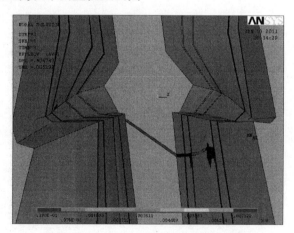

图 7.2.42　K_p=1.0 时坝肩塑性区破坏图

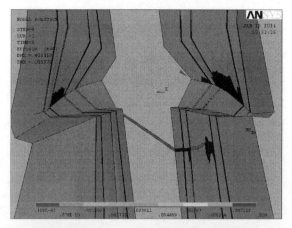

图 7.2.43　K_p=2.0 时坝肩塑性区破坏图

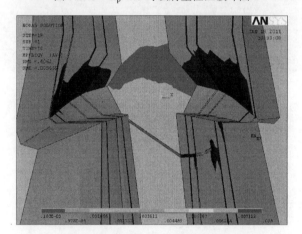

图 7.2.44　K_p=4.0 时坝肩塑性区破坏

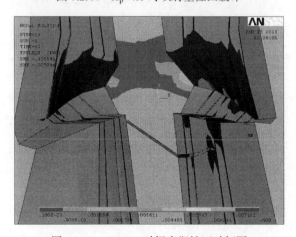

图 7.2.45　K_p=7.0 时坝肩塑性区破坏图

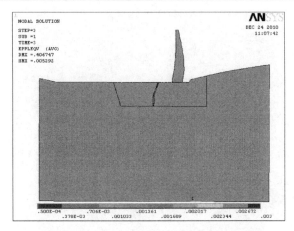

图 7.2.46　K_p=1.0 时拱冠梁纵剖面塑性区图

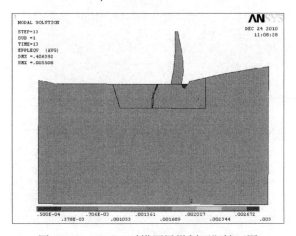

图 7.2.47　K_p=3.0 时拱冠梁纵剖面塑性区图

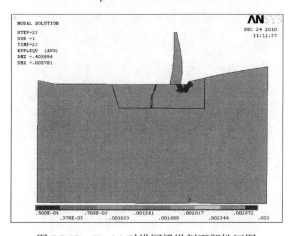

图 7.2.48　K_p=4.0 时拱冠梁纵剖面塑性区图

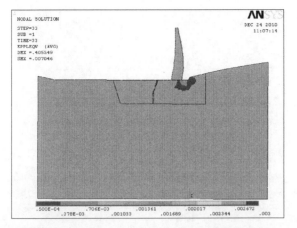

图 7.2.49　K_p=7.0 时拱冠梁纵剖面塑性区图

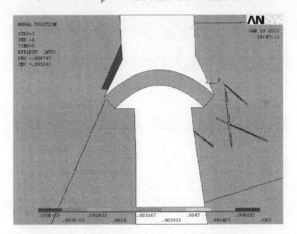

图 7.2.50　K_p=1.0 时 2030m 高程平切面塑性区图

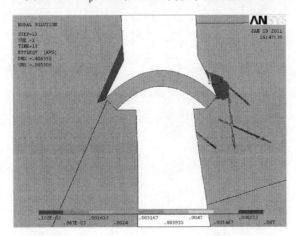

图 7.2.51　K_p=3.0 时 2030m 高程平切面塑性区图

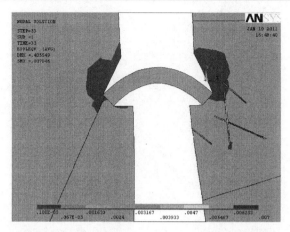

图 7.2.52　K_p=7.0 时 2030m 高程平切面塑性区图

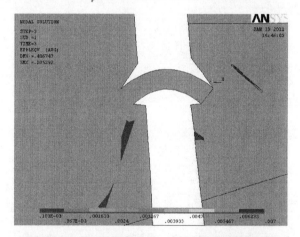

图 7.2.53　K_p=1.0 时 1993m 高程平切面塑性区图

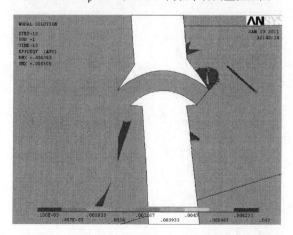

图 7.2.54　K_p=3.0 时 1993m 高程平切面塑性区图

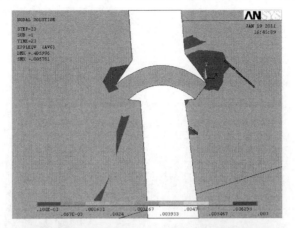

图 7.2.55　K_p=5.0 时 1993m 高程平切面塑性区图

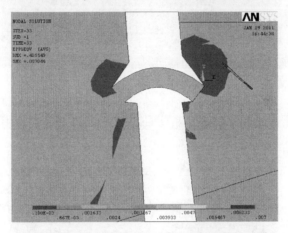

图 7.2.56　K_p=7.0 时 1993m 高程平切面塑性区图

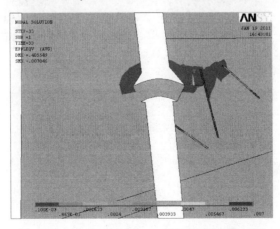

图 7.2.57　K_p=1.0 时 1960m 高程平切面塑性区图

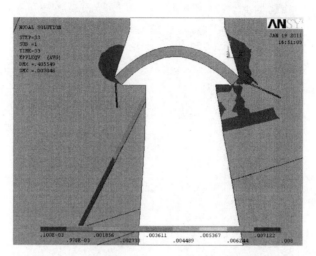

图 7.2.58　K_p=1.0 时 2059m 高程平切面塑性区图

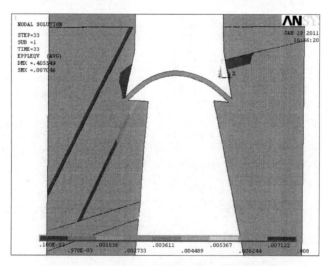

图 7.2.59　K_p=1.0 时 2092m 高程平切面塑性区图

7.3 加固方案一有限元计算附图

7.3.1 坝体变位云图及变位荷载关系曲线

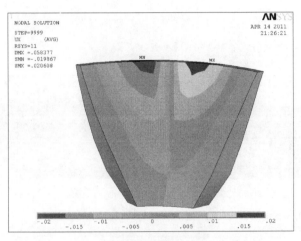

图 7.3.1 $1K_p$ 时坝体下游面切向位移分布图

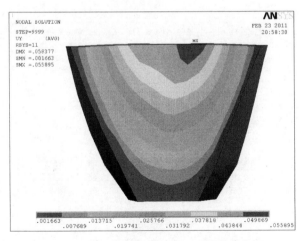

图 7.3.2 $1K_p$ 时坝体下游面径向位移分布图

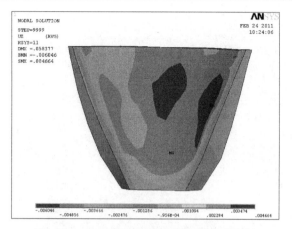

图 7.3.3　1K_p 时坝体下游面竖向位移分布图

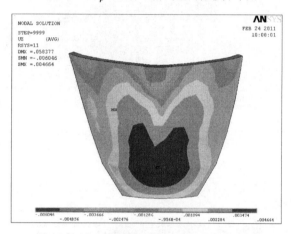

图 7.3.4　1K_p 时坝体上游面竖向位移分布图

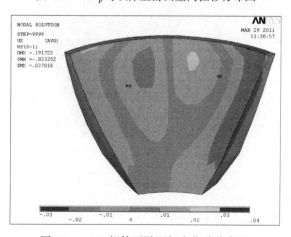

图 7.3.5　6K_p 坝体下游面切向位移分布图

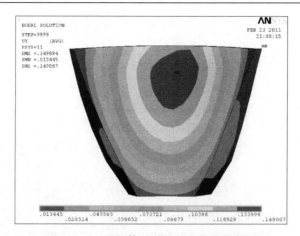

图 7.3.6　$6K_p$ 坝体下游面径向位移分布图

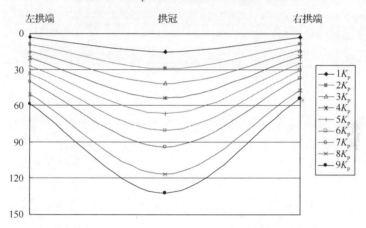

图 7.3.7　坝体 1993m 高程下游面径向位移分布图

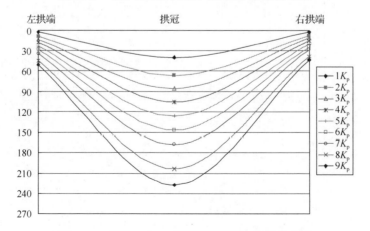

图 7.3.8　坝体 2059m 高程下游面径向位移分布图

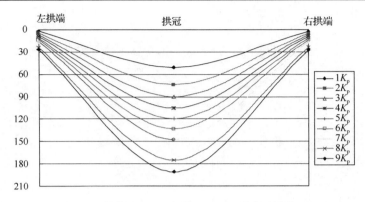

图 7.3.9　坝体 2092m 高程下游面径向位移分布图

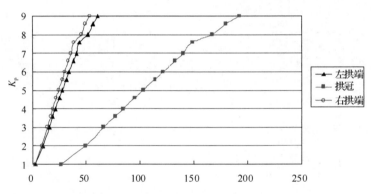

图 7.3.10　坝体 2026m 高程下游面径向位移分布图

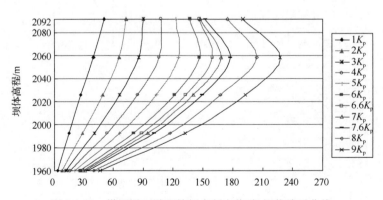

图 7.3.11　拱冠梁下游面特征点径向位移-超载关系曲线

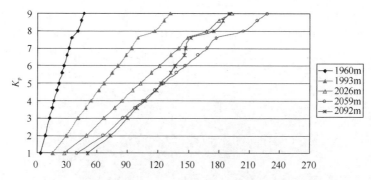

图 7.3.12　拱冠梁下游面不同高程特征点径向位移-超载关系曲线

7.3.2　坝体应变云图

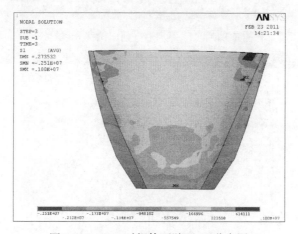

图 7.3.13　$1K_p$ 时坝体下游面 S1 分布图

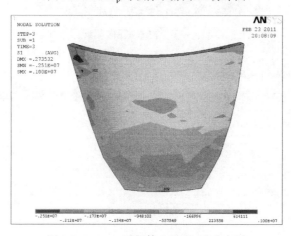

图 7.3.14　$1K_p$ 时坝体上游面 S1 分布图

7.3.3　坝肩表面变位云图及变位荷载关系曲线

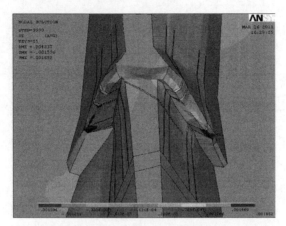

图 7.3.15　$1K_p$ 时坝肩横河向位移分布图

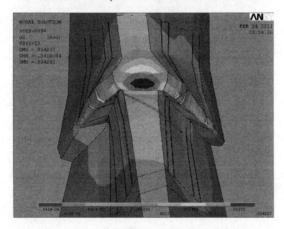

图 7.3.16　$1K_p$ 时坝肩顺河向位移分布图

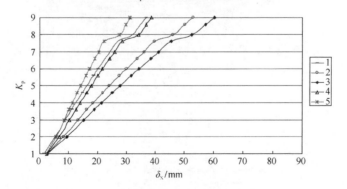

图 7.3.17　左坝肩特征点横河向位移-超载关系曲线

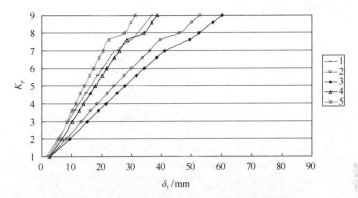

图 7.3.18　左坝肩特征点顺河向位移-超载关系曲线

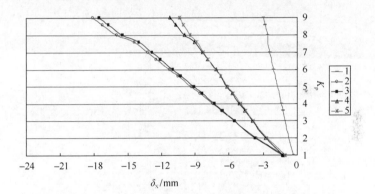

图 7.3.19　右坝肩特征点横河向位移-超载关系曲线

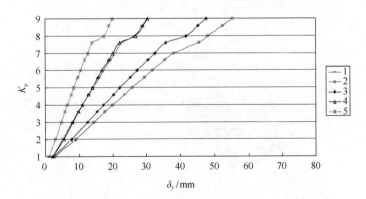

图 7.3.20　右坝肩特征点顺河向位移-超载关系曲线

7.3.4　软弱结构面变位云图及变位荷载关系曲线

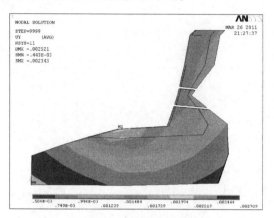

图 7.3.21　K_p=1.0 时 f5 顺河向位移分布图

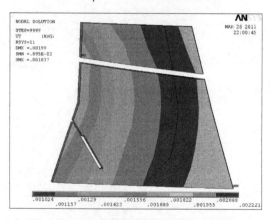

图 7.3.22　K_p=1.0 时 L2 顺河向位移分布图

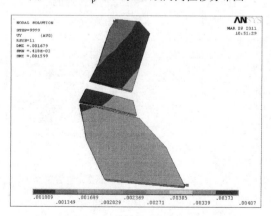

图 7.3.23　K_p=1.0 时 L1 顺河向位移分布图

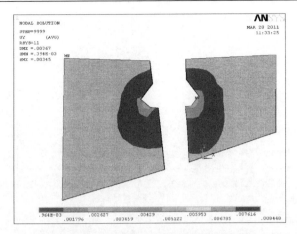

图 7.3.24　K_p=1.0 时 fj1 顺河向位移分布图

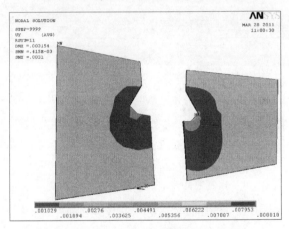

图 7.3.25　K_p=1.0 时 fj2 顺河向位移分布图

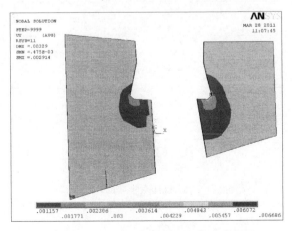

图 7.3.26　K_p=1.0 时 fj3 顺河向位移分布图

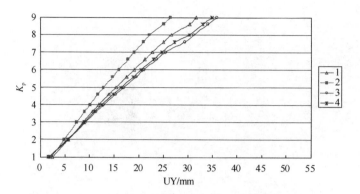

图 7.3.27　断层 f5 特征点顺河向位移-超载关系曲线

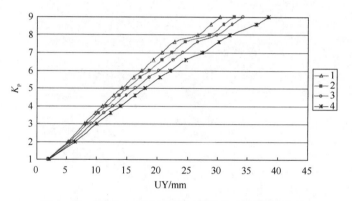

图 7.3.28　断层 L2 特征点顺河向位移-超载关系曲线

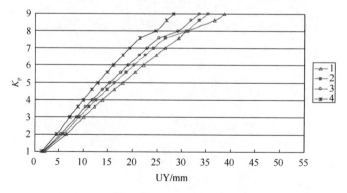

图 7.3.29　断层 Lp285 特征点顺河向位移-超载关系曲线

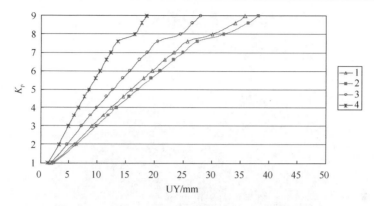

图 7.3.30　断层 f4 特征点顺河向位移-超载关系曲线

7.3.5　坝肩及典型高程平面塑性区云图

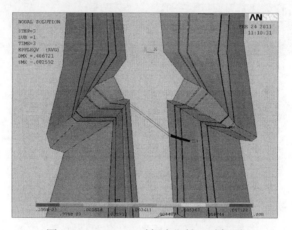

图 7.3.31　K_p=1.0 时坝肩塑性区破坏图

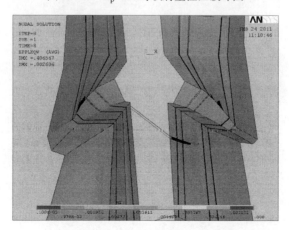

图 7.3.32　K_p=2.0 时坝肩塑性区破坏图

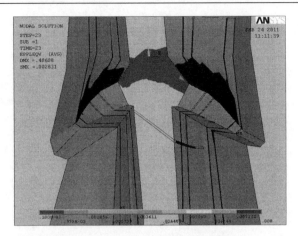

图 7.3.33　K_p=5.0 时坝肩塑性区破坏

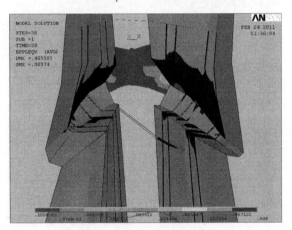

图 7.3.34　K_p=8.0 时坝肩塑性区破坏图

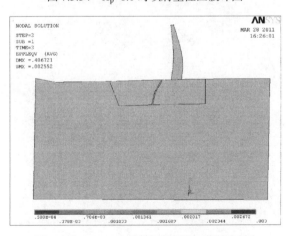

图 7.3.35　K_p=1.0 时拱冠梁纵剖面塑性区图

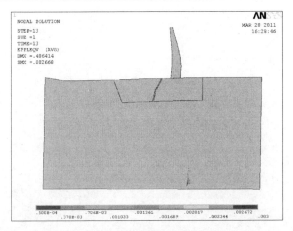

图 7.3.36　K_p=3.0 时拱冠梁纵剖面塑性区图

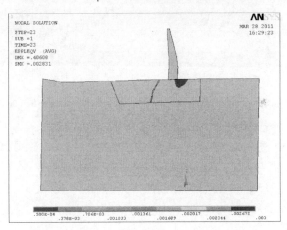

图 7.3.37　K_p=5.0 时拱冠梁纵剖面塑性区图

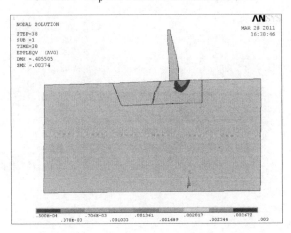

图 7.3.38　K_p=8.0 时拱冠梁纵剖面塑性区图

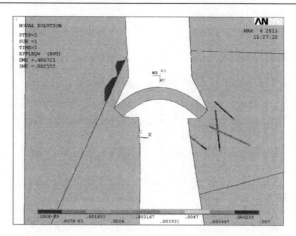

图 7.3.39　K_p=1.0 时 2030m 高程平切面塑性区图

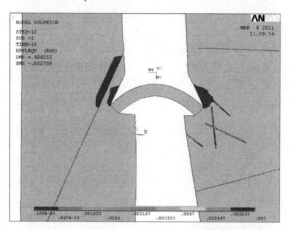

图 7.3.40　K_p=4.0 时 2030m 高程平切面塑性区图

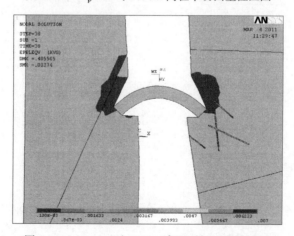

图 7.3.41　K_p=8.0 时 2030m 高程平切面塑性区图

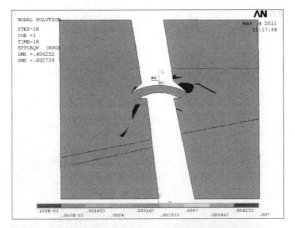

图 7.3.42　K_p=4.0 时 1993m 高程平切面塑性区图

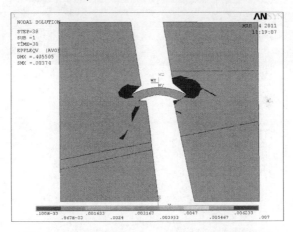

图 7.3.43　K_p=8.0 时 1993m 高程平切面塑性区图

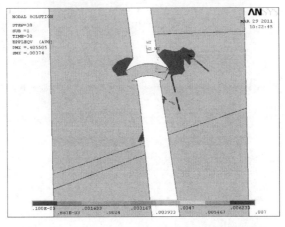

图 7.3.44　K_p=8.0 时 1960m 高程平切面塑性区图

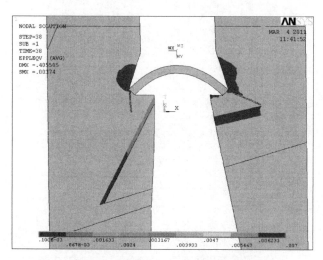

图 7.3.45　K_p=8.0 时 2059m 高程平切面塑性区图

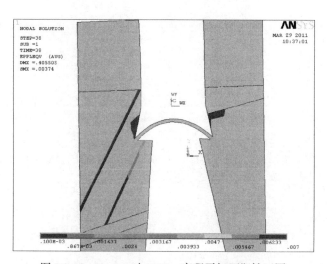

图 7.3.46　K_p=8.0 时 2092m 高程平切面塑性区图

7.4 加固方案二有限元计算附图

7.4.1 坝体变位云图及变位荷载关系曲线

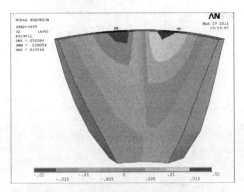

图 7.4.1 $1K_p$ 时坝体下游面切向位移分布图

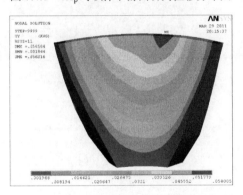

图 7.4.2 $1K_p$ 时坝体下游面径向位移分布图

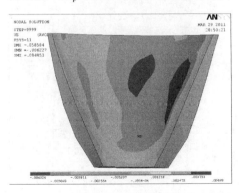

图 7.4.3 $1K_p$ 时坝体下游面竖向位移分布图

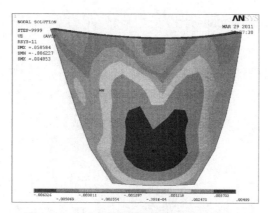

图 7.4.4　1K_p时坝体上游面竖向位移分布图

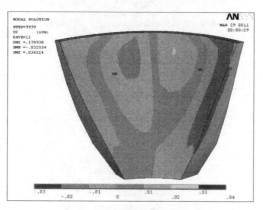

图 7.4.5　6K_p坝体下游面切向位移分布图

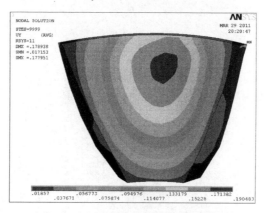

图 7.4.6　6K_p坝体下游面径向位移分布图

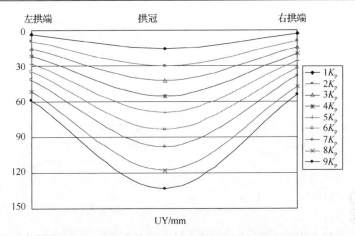

图 7.4.7 坝体 1993m 高程下游面径向位移分布图

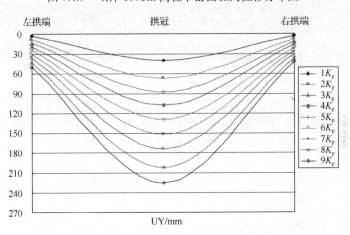

图 7.4.8 坝体 2059m 高程下游面径向位移分布图

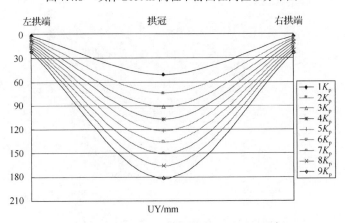

图 7.4.9 坝体 2092m 高程下游面径向位移分布图

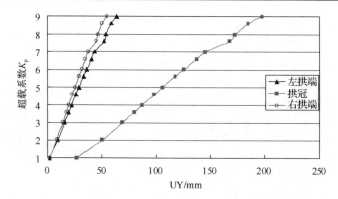

图 7.4.10　坝体 2026m 高程下游面径向位移分布图

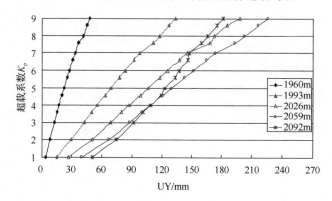

图 7.4.11　拱冠梁下游面不同高程特征点径向位移-超载关系曲线

7.4.2　坝体应变云图

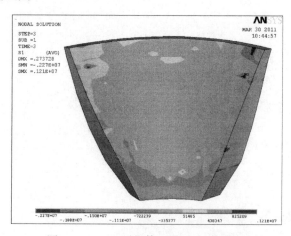

图 7.4.12　$1K_p$ 时坝体下游面 S1 分布图

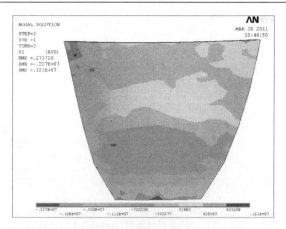

图 7.4.13　$1K_p$ 时坝体上游面 S1 分布图

7.4.3　坝肩表面变位云图及变位荷载关系曲线

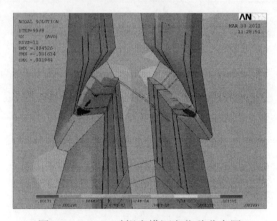

图 7.4.14　$1K_p$ 时坝肩横河向位移分布图

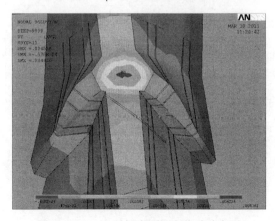

图 7.4.15　$1K_p$ 时坝肩顺河向位移分布图

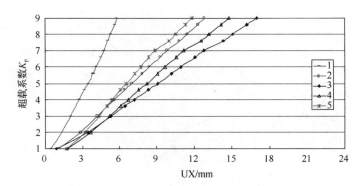

图 7.4.16　左坝肩特征点横河向位移-超载关系曲线

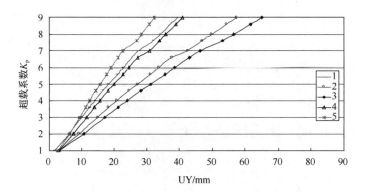

图 7.4.17　左坝肩特征点顺河向位移-超载关系曲线

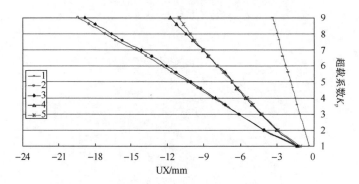

图 7.4.18　右坝肩特征点横河向位移-超载关系曲线

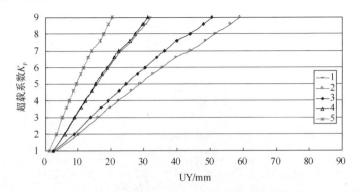

图 7.4.19　右坝肩特征点顺河向位移-超载关系曲线

7.4.4　软弱结构面变位云图及变位荷载关系曲线

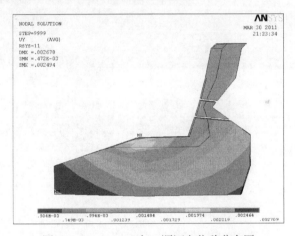

图 7.4.20　K_p=1.0 时 f5 顺河向位移分布图

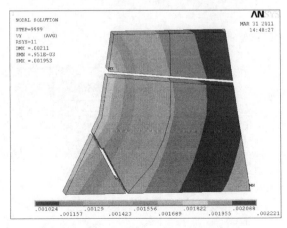

图 7.4.21　K_p=1.0 时 L2 顺河向位移分布图

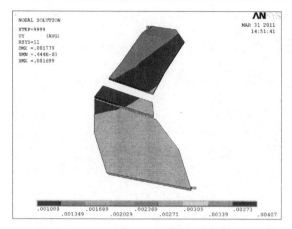

图 7.4.22　K_p=1.0 时 L1 顺河向位移分布图

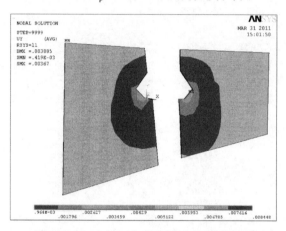

图 7.4.23　K_p=1.0 时 fj1 顺河向位移分布图

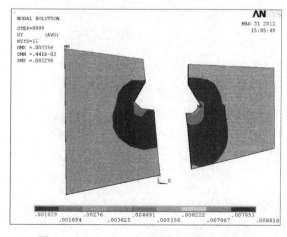

图 7.4.24　K_p=1.0 时 fj2 顺河向位移分布图

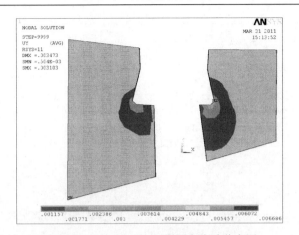

图 7.4.25　K_p=1.0 时 fj3 顺河向位移分布图

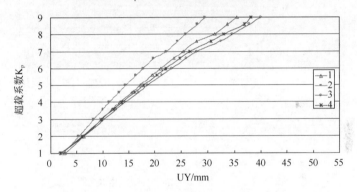

图 7.4.26　断层 f5 特征点顺河向位移-超载关系曲线

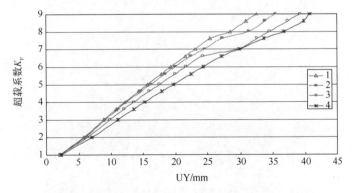

图 7.4.27　断层 L2 特征点顺河向位移-超载关系曲线

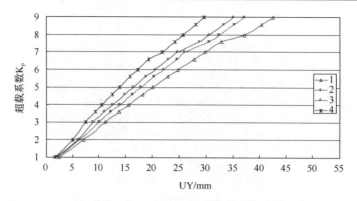

图 7.4.28　断层 Lp285 特征点顺河向位移-超载关系曲线

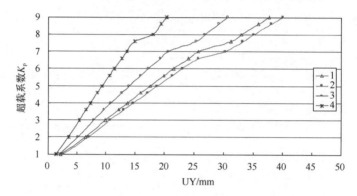

图 7.4.29　断层 f4 特征点顺河向位移-超载关系曲线

7.4.5　坝肩及典型高程平面塑性区云图

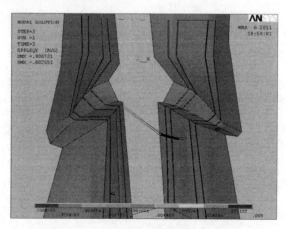

图 7.4.30　K_p=1.0 时坝肩塑性区破坏图

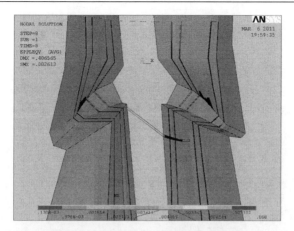

图 7.4.31　K_p=2.0 时坝肩塑性区破坏图

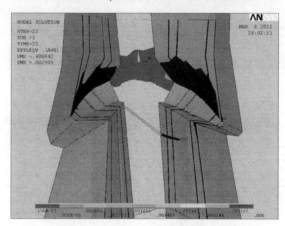

图 7.4.32　K_p=5.0 时坝肩塑性区破坏

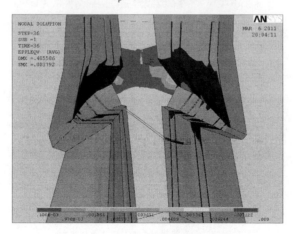

图 7.4.33　K_p=7.6 时坝肩塑性区破坏

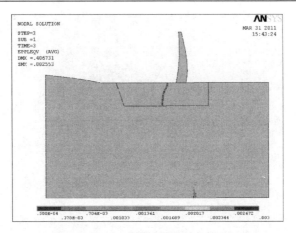

图 7.4.34　$K_p=1.0$ 时拱冠梁纵剖面塑性区图

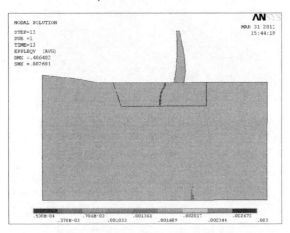

图 7.4.35　$K_p=3.0$ 时拱冠梁纵剖面塑性区图

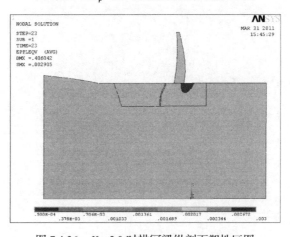

图 7.4.36　$K_p=5.0$ 时拱冠梁纵剖面塑性区图

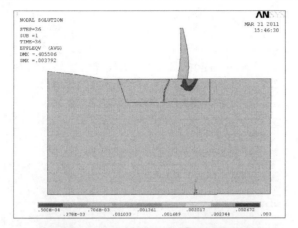

图 7.4.37　K_p=7.6 时拱冠梁纵剖面塑性区图

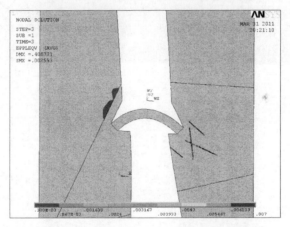

图 7.4.38　K_p=1.0 时 2030m 高程平切面塑性区图

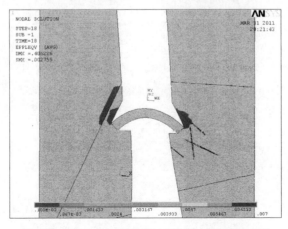

图 7.4.39　K_p=4.0 时 2030m 高程平切面塑性区图

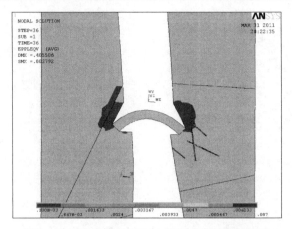

图 7.4.40　K_p=7.6 时 2030m 高程平切面塑性区图

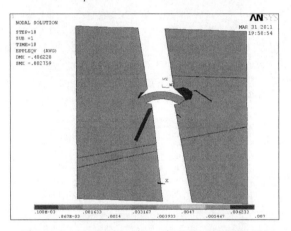

图 7.4.41　K_p=4.0 时 1993m 高程平切面塑性区图

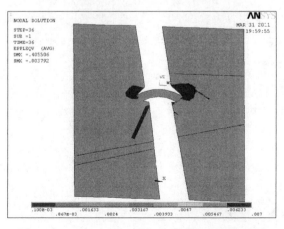

图 7.4.42　K_p=7.6 时 1993m 高程平切面塑性区图

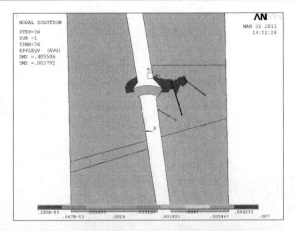

图 7.4.43 K_p=7.6 时 1960m 高程平切面塑性区图

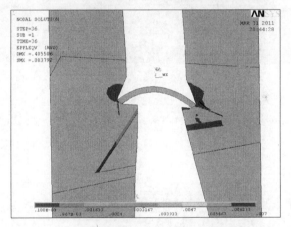

图 7.4.44 K_p=7.6 时 2059m 高程平切面塑性区图

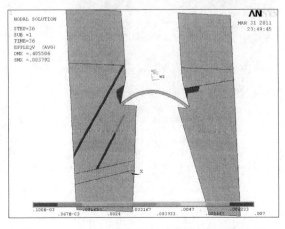

图 7.4.45 K_p=7.6 时 2092m 高程平切面塑性区图

7.5　拱坝分缝形式计算成果附图

7.5.1　正常工况下坝体变位分布

本节图中，变位单位为 m，径向变位以下游为正，切向变位以左岸为正，竖向变位以上抬为正。

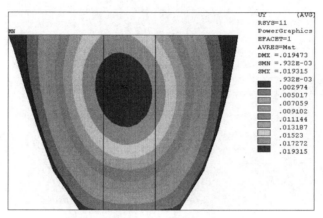

图 7.5.1　方案一 $1P_0$ 坝体上游面径向变位

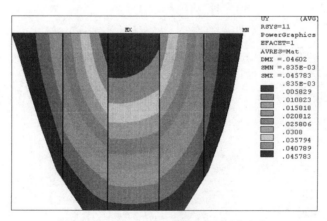

图 7.5.2　方案二 $1P_0$ 坝体上游面径向变位

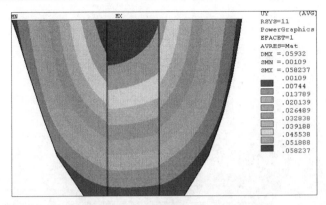

图 7.5.3　方案三 $1P_0$ 坝体上游面径向变位

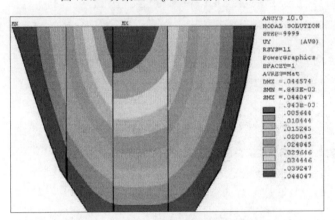

图 7.5.4　方案四 $1P_0$ 坝体上游面径向变位

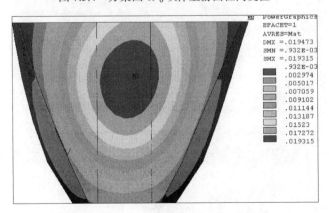

图 7.5.5　方案一 $1P_0$ 坝体下游面径向变位

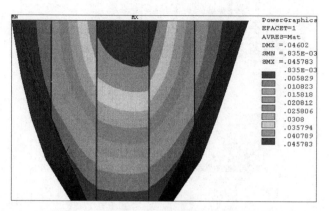

图 7.5.6　方案二 $1P_0$ 坝体下游面径向变位

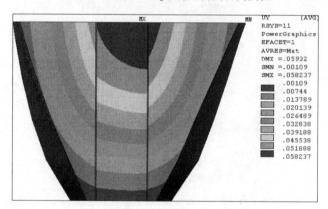

图 7.5.7　方案三 $1P_0$ 坝体下游面径向变位

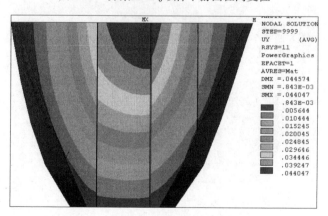

图 7.5.8　方案四 $1P_0$ 坝体下游面径向变位

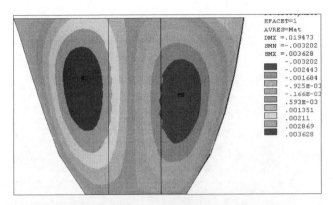

图 7.5.9　方案一 $1P_0$ 坝体上游面切向变位

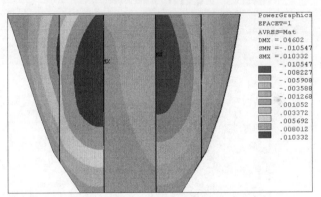

图 7.5.10　方案二 $1P_0$ 坝体上游面切向变位

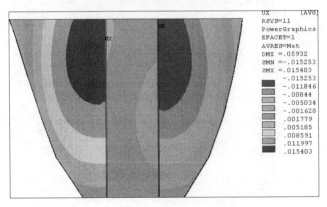

图 7.5.11　方案三 $1P_0$ 坝体上游面切向变位

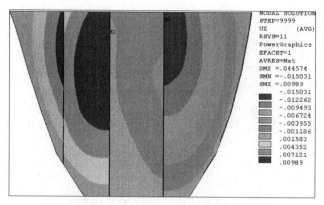

图 7.5.12　方案四 $1P_0$ 坝体上游面切向变位

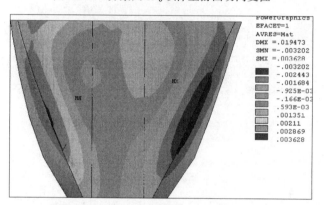

图 7.5.13　方案一 $1P_0$ 坝体下游面切向变位

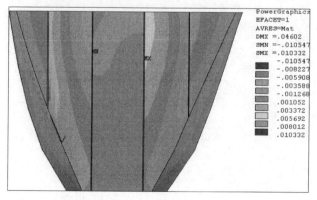

图 7.5.14　方案二 $1P_0$ 坝体下游面切向变位

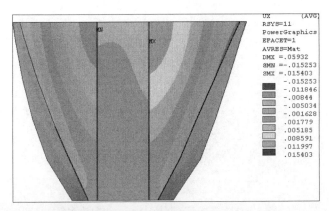

图 7.5.15　方案三 $1P_0$ 坝体下游面切向变位

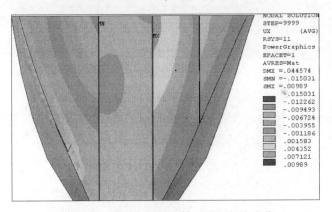

图 7.5.16　方案四 $1P_0$ 坝体下游面切向变位

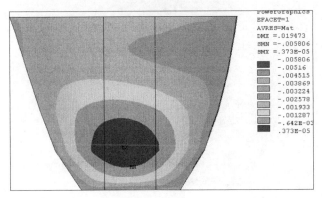

图 7.5.17　方案一 $1P_0$ 坝体上游面竖向变位

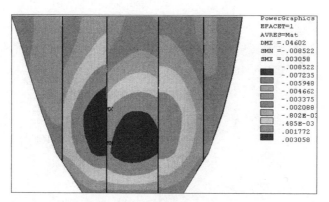

图 7.5.18　方案二 $1P_0$ 坝体上游面竖向变位

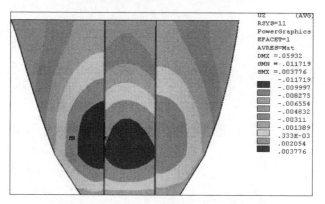

图 7.5.19　方案三 $1P_0$ 坝体上游面竖向变位

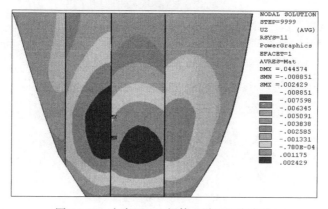

图 7.5.20　方案四 $1P_0$ 坝体上游面竖向变位

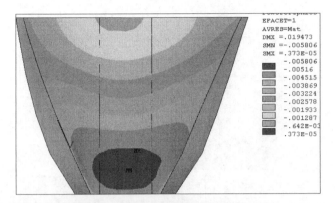

图 7.5.21　方案一 $1P_0$ 坝体下游面竖向变位

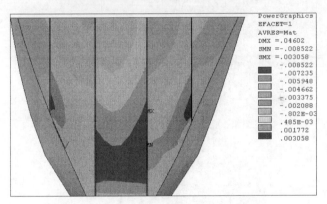

图 7.5.22　方案二 $1P_0$ 坝体下游面竖向变位

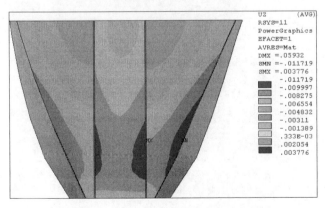

图 7.5.23　方案三 $1P_0$ 坝体下游面竖向变位

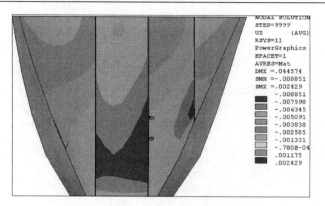

图 7.5.24　方案四 $1P_0$ 坝体下游面竖向变位

7.5.2　正常工况下坝体主应力分布

本节图中，应力单位为 Pa，以拉为正，压为负。

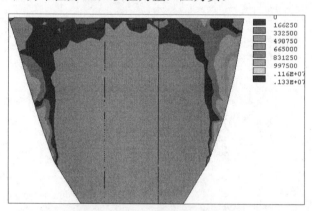

图 7.5.25　方案一 $1P_0$ 坝体上游面主拉应力

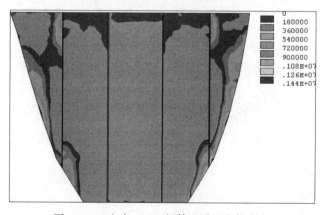

图 7.5.26　方案二 $1P_0$ 坝体上游面主拉应力

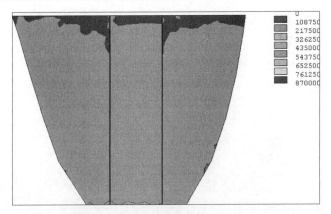

图 7.5.27　方案三 $1P_0$ 坝体上游面主拉应力

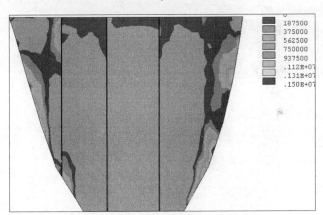

图 7.5.28　方案四 $1P_0$ 坝体上游面主拉应力

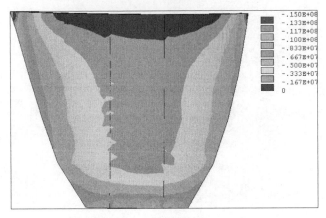

图 7.5.29　方案一 $1P_0$ 坝体上游面主压应力

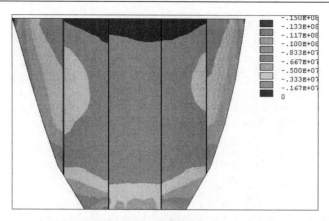

图 7.5.30　方案二 $1P_0$ 坝体上游面主压应力

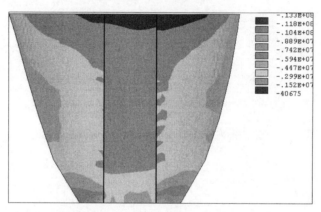

图 7.5.31　方案三 $1P_0$ 坝体上游面主压应力

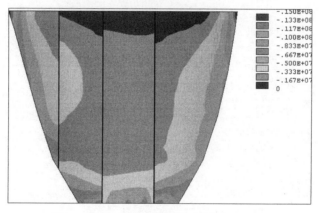

图 7.5.32　方案四 $1P_0$ 坝体上游面主压应力

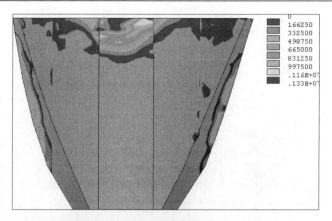

图 7.5.33　方案一 $1P_0$ 坝体下游面主拉应力

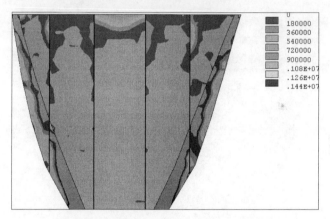

图 7.5.34　方案二 $1P_0$ 坝体下游面主拉应力

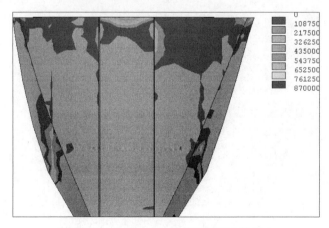

图 7.5.35　方案三 $1P_0$ 坝体下游面主拉应力

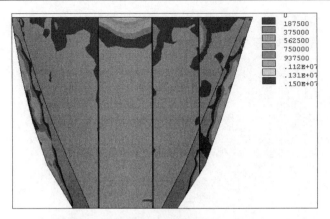

图 7.5.36　方案四 $1P_0$ 坝体下游面主拉应力

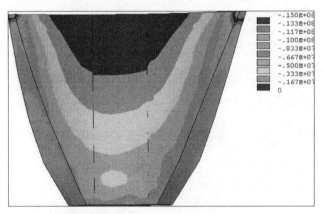

图 7.5.37　方案一 $1P_0$ 坝体下游面主压应力

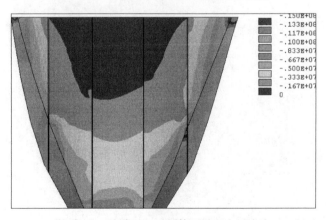

图 7.5.38　方案二 $1P_0$ 坝体下游面主压应力

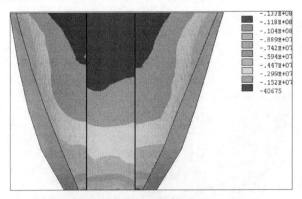

图 7.5.39　方案三 $1P_0$ 坝体下游面主压应力

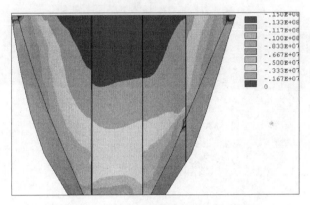

图 7.5.40　方案四 $1P_0$ 坝体下游面主压应力

7.5.3　超载工况下坝体变位分布

本节图中，变位单位为 m，径向变位以下游为正，切向变位以左岸为正，竖向变位以上抬为正。

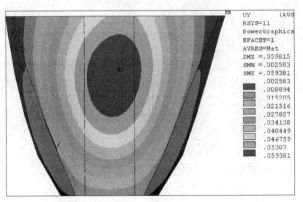

图 7.5.41　方案一 $3P_0$ 坝体下游面径向变位

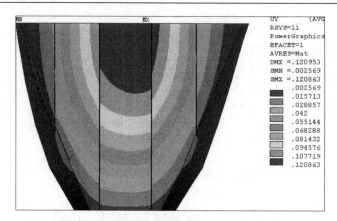

图 7.5.42　方案二 $3P_0$ 坝体下游面径向变位

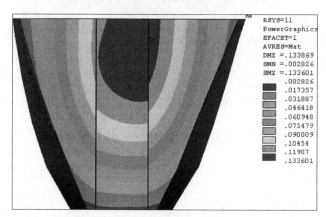

图 7.5.43　方案三 $3P_0$ 坝体下游面径向变位

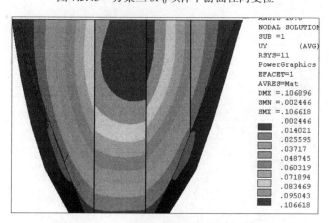

图 7.5.44　方案四 $3P_0$ 坝体下游面径向变位

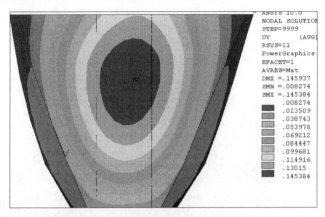

图 7.5.45　方案一 $7P_0$ 坝体下游面径向变位

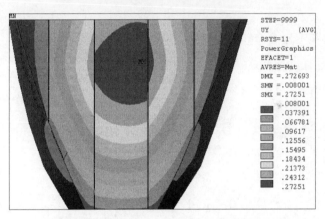

图 7.5.46　方案二 $7P_0$ 坝体下游面径向变位

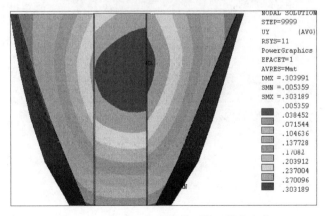

图 7.5.47　方案三 $7P_0$ 坝体下游面径向变位

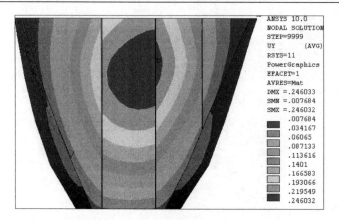

图 7.5.48　方案四 $7P_0$ 坝体下游面径向变位

7.5.4　超载工况下坝肩塑性区变化

本节图中，坝肩槽中的深色区域为塑性区分布。

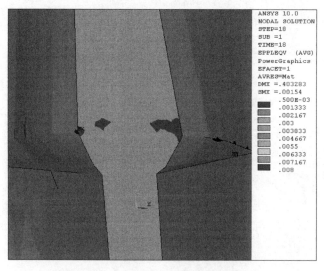

图 7.5.49　方案一 $4P_0$ 坝肩塑性区分布

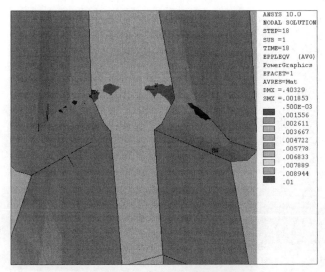

图 7.5.50　方案二 $4P_0$ 坝肩塑性区分布

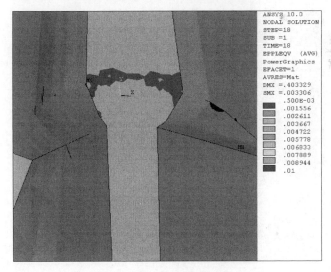

图 7.5.51　方案三 $4P_0$ 坝肩塑性区分布

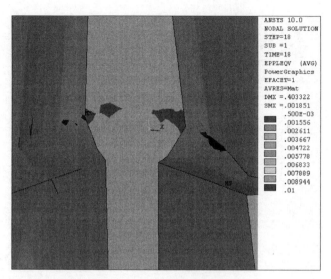

图 7.5.52   方案四 $4P_0$ 坝肩塑性区分布

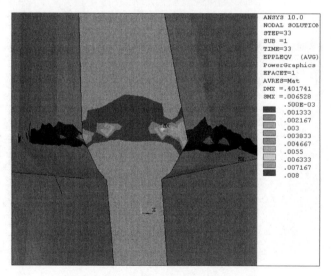

图 7.5.53   方案一 $7P_0$ 坝肩塑性区分布

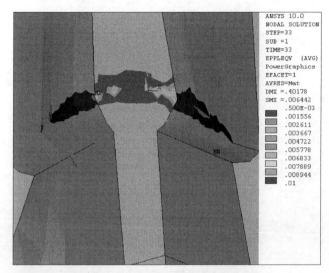

图 7.5.54　方案二 $7P_0$ 坝肩塑性区分布

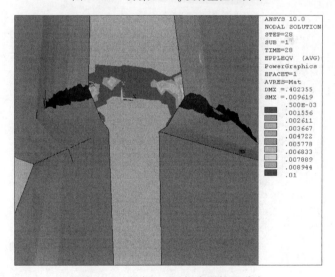

图 7.5.55　方案三 $6P_0$ 坝肩塑性区分布

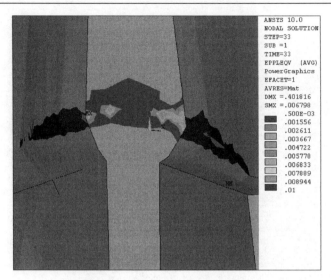

图 7.5.56　方案四 $7P_0$ 坝肩塑性区分布

7.5.5　超载工况下坝体表面裂纹区域分布

本节图中，坝体表面白色点为裂纹分布示意。

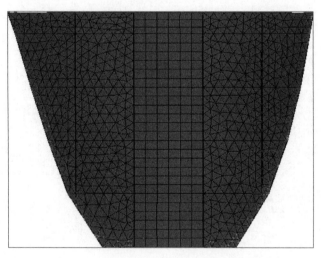

图 7.5.57　方案一 $7P_0$ 坝体上游面裂纹区域分布

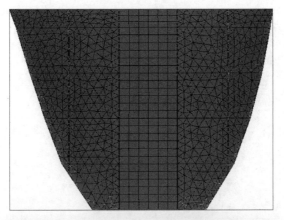

图 7.5.58　方案二 $7P_0$ 坝体上游面裂纹区域分布

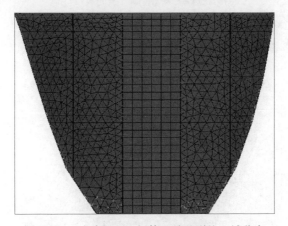

图 7.5.59　方案三 $7P_0$ 坝体上游面裂纹区域分布

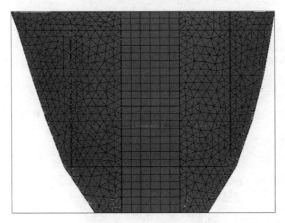

图 7.5.60　方案四 $7P_0$ 坝体上游面裂纹区域分布

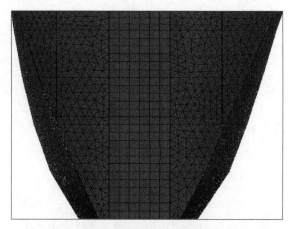

图 7.5.61　方案一 $7P_0$ 坝体下游面裂纹区域分布

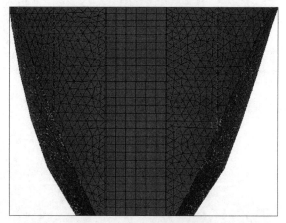

图 7.5.62　方案二 $7P_0$ 坝体下游面裂纹区域分布

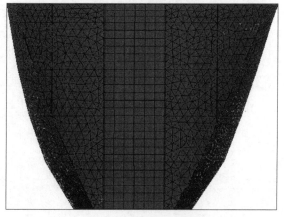

图 7.5.63　方案三 $7P_0$ 坝体下游面裂纹区域分布

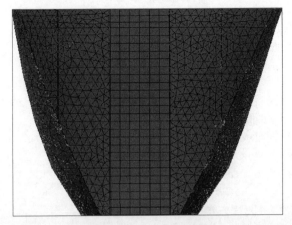

图 7.5.64　方案四 $7P_0$ 坝体下游面裂纹区域分布

参 考 文 献

[1] 潘家铮, 何憬. 中国大坝 50 年[M]. 北京:中国水利水电出版社, 2000.

[2] 王毓泰, 周维垣, 毛健全, 等. 拱坝坝肩岩体稳定分析[M]. 贵阳: 贵州人民出版社, 1982.

[3] 陈秋华. 碾压混凝土拱坝成缝新技术[J]. 水力发电, 2002, (1): 23-36.

[4] 钟永江. 高碾压混凝土拱坝结构分缝及材料特性研究[J]. 水力发电, 2001, (8): 17-19.

[5] 梅锦煜. 中国碾压混凝土筑坝技术[M]. 北京: 中国电力出版社, 2008.

[6] 钟永红. 高碾压混凝土拱坝分缝及建坝材料特性研究专题研究报告[R]. 成都: 国家电力公司成都勘测设计研究院, 2000.

[7] 贾金生. 碾压混凝土坝发展翻开新的一页[J]. 中国水利, 2007, (21): 2.

[8] 林继镛. 水工建筑物[M]. 北京: 中国水利水电出版社, 2005.

[9] 赫尔措格 M. 拱坝建筑史上的里程碑//向世武. 高拱坝技术译文集. 西安: 能源部西北勘测设计院, 1992, 13-16.

[10] 卓家寿. 弹性力学中的有限元法[M]. 北京: 高等教育出版社, 1987.

[11] 朱伯芳. 有限单元法原理与应用[M]. 2 版. 北京: 中国水利水电出版社, 1998.

[12] Smith I M, Griffiths D V. Programming the Finite Element Method[M]. Second edition. UK: University of Manchester, 1998.

[13] 周维垣, 杨若琼. 坝基稳定的块体模型有限元计算与试验研究[J]//中国水力发电工程学会. 1980 年高拱坝学术讨论会议论文选集.北京: 电力工业出版社, 1982.

[14] 杨宝全, 张林, 陈建叶. 小湾高拱坝整体稳定三维地质力学模型试验研究[J]. 岩石力学与工程学报, 2010, 29(10): 2086-2093.

[15] 张林, 陈建叶. 水工大坝与地基模型试验及工程应用[M]. 成都: 四川大学出版社, 2009.

[16] 陈兴华. 脆性材料结构模型试验[M]. 北京: 水利电力出版社, 1984.

[17] 张林, 费文平, 李桂林, 等. 高拱坝坝肩坝基整体稳定地质力学模型试验研究[J]. 岩石力学与工程学报, 2005, 24(19): 3465-3469.

[18] 杜应吉. 地质力学模型试验的研究现状与发展趋势[J]. 西北水资源与水工程, 1996,7(2): 64-67.

[19] 李天斌. 拱坝坝肩稳定性的地质力学模拟研究[J]. 岩石力学与工程学报, 2004, 23(6): 1670-1676.

[20] 周维垣, 陈兴华, 杨若琼, 等. 高拱坝整体稳定地质力学模型试验研究[J]. 水利规划与设计, 2003,(1): 50-57.

[21] 李朝国. 结构模型破坏试验新方法及其安全评价的研究[J]. 四川水力发电, 1995, 14(4): 88-93.

[22] 董玉文, 任青文. 高拱坝稳定安全度研究综述[J]. 水利水电科技进展, 2006, 26(5): 78-82.

[23] 王在泉, 华安增. 确定边坡潜在滑面的块体理论方法及稳定性分析[J]. 工程地质学报, 1999, (1): 40-45.

[24] 马启超, 赵金海.高混凝土坝坝基开挖工程的岩体稳定性问题研究[J]天津大学学报,1991,(1):11-18.

[25] 汝乃华. 岩体稳定的浮值分析法[J]. 水利学报, 1985, 9: 24-36.

[26] 游敏.超高混凝土重力坝基岩体质量及利用标准研究[D].成都理工大学，2014.

[27] 福纳里 E, 马元琏. 意大利拉维迪斯工程的特点[J]. 水利水电快报, 2001, 22(11): 24-26.

[28] 黄仁福. 国外混凝土坝岩基处理情况综述(续二)[J]. 水利水电技术, 1964, (4): 48-51.

[29] 陈振民, 勃朗施田. 英古里双曲拱坝——世界目前第一高拱坝[J]. 南昌水专学报, 1982, (00): 64-72.

[30] 杨宝全, 张林, 陈建叶, 等. 复杂地质条件下拱坝坝肩稳定分析及密集节理影响研究[J]. 岩石力学与工程学报, 2010, 29(S2): 3972-3978.

[31] 范瑞朋. 碾压混凝土拱坝诱导缝布置形式研究[D]. 西安: 西安理工大学, 2010.

[32] 曾昭扬, 马黔. 高碾压混凝土拱坝中的构造缝问题研究[J]. 水力发电, 1998, (2):30-33.

[33] 刘海成, 吴智敏, 宋玉普. 碾压混凝土拱坝诱导缝损伤开裂准则研究[J]. 水力发电学报,2004, 23(5): 22-27.

[34] 林志祥. 混凝土大坝温度应力数值仿真分析关键技术研究[D]. 南京: 河海大学, 2005.

[35] 陈媛, 张林, 周坤, 等. 高碾压混凝土拱坝分缝形式及破坏机理研究[J]. 水利学报, 2005, 36(5): 519-524.

[36] 张林, 徐进, 陈新, 等. 碾压混凝土断裂试验研究[J]. 水利学报, 2001, 32(5): 45-49.

[37] 张林, 陈建康, 陈新, 等. 沙牌拱坝结构开裂及破坏机理研究[J]. 水电站设计, 2003, 19(4): 16-19.

[38] 杨双超. 设置诱导缝的碾压混凝土拱坝温度应力仿真[D]. 西安: 西安理工大学, 2005.

[39] 陈兴华. 脆性材料结构模型试验[M]. 北京: 水利电力出版社, 1984.

[40] 富马加利 E. 静力学模型与地力学模型[M]. 蒋彭年, 等 译. 北京: 水利电力出版社, 1979.

[41] 张林, 陈建叶. 水工大坝与地基模型试验及工程应用[M]. 成都: 四川大学出版社, 2009.

[42] 陈建477. 锦屏一级高拱坝坝肩稳定三维地质力学模型破坏试验研究[D]. 成都: 四川大学, 2004.

[43] 杜应吉. 地质力学模型试验的研究现状与发展趋势[J]. 西北水资源与水工程, 1996, 7(2): 64-67.

[44] 沈泰. 地质力学模型试验技术的进展[J]. 长江科学院院报, 2001, 18(5): 32-35.

[45] 李维国. 结构模型破坏试验新方法及其安全评价的研究[J]. 四川水力发电, 1995, 14(4): 88-93.

[46] 李维国, 张林. 拱坝坝肩稳定的三维地质力学模型试验研究[J]. 成都科技大学学报, 1994, (3): 73-83.

[47] 陈国㭎, 曹明, 沈洪俊. 拱坝稳定模型试验技术的几个问题[J]. 岩土工程学报, 1990, (4): 57-60.

[48] 丁泽霖, 张林, 姚小林, 等. 复杂地基上高拱坝坝肩稳定破坏试验研究[J]. 四川大学学报(工程科学版), 2010, 11(06): 25-30.

[49] Chen J, Sheng T. Experiment study on the stresses and stability of Geheyan Arch Dam of the Qingjiang River[A]. Nanjing: Hehai University Press, 1992.

[50] Chen Y, Zhang L, He X S, et al. Evaluation of model similarity of induced joints in a high RCC arch dam. The Proc. of 6th Cong. Physical Modeling in Geotechnics, Hong Kong, 2-4 August 2006, London: Taylor & Francis Group, 413-417.

[51] 郑颖人, 沈珠江, 龚晓南. 岩土塑性力学原理[M]. 北京: 中国建筑工业出版社, 2002.

[52] 任青文. 非线性有限单元法[M]. 南京: 河海大学出版社, 2003.

[53] 凌贤长, 蔡德所. 岩体力学[M]. 哈尔滨: 哈尔滨工业大学出版社, 2002.

[54] 沈珠江. 关于破坏准则和屈服函数的总结[J]. 岩土工程学报, 1995, (1): 1-8.

[55] 段亚辉, 陆述远. 岩石和混凝土类脆性材料强度理论探讨[J]. 岩土工程学报, 1992, (1): 44-50.

[56] 邓凡平. ANSYS10.0 有限元分析自学手册[M]. 北京: 人民邮电出版社, 2007.

[57] 李红云, 赵社戍, 孙雁.ANSYS10.0 基础及工程应用[M]. 北京: 机械工业出版社, 2008.

[58] 王富耻, 张朝辉.ANSYS10 0 有限元分析理论与工程应用[M]. 北京: 电子工业出版社,2006.

[59] 王新荣, 陈永波.有限元法基础及 ANSYS 应用[M]. 北京: 科学出版社,2015.

[60] 王彩霞, 张林, 陈建叶. 小湾拱坝坝肩稳定平面地质力学模型试验研究[J]. 云南水力发电, 2007, 23(3): 21-24.

[61] 成磊, 张林, 陈媛, 等. 高拱坝典型高程平面坝肩加固方案研究[J]. 四川水力发电, 2007, 26(3): 74-77.

[62] 任青文. 非线性有限单元法[M]. 南京: 河海大学出版社, 2003.

[63] 张学言. 岩土塑性力学[M]. 北京: 人民交通出版社, 1993.

[64] 包陈, 王呼佳. ANSYS 工程分析进阶实例[M]. 北京: 中国水利水电出版社, 2009.

[65] 王新敏. ANSYS 工程结构数值分析[M]. 北京: 人民交通出版社, 2007.

[66] 张朝晖. ANSYS 11.0 有限元分析理论与工程应用[M]. 北京: 电子工业出版社, 2008.

[67] 王国强. 实用工程数值模拟技术及其在 ANSYS 上的实践[M]. 西安: 西北工业大学出版社, 1999.

[68] 曾昭扬, 马黔. 温降和水库蓄水引起的碾压混凝土拱坝裂缝分析[J]. 水力发电, 1996, (9): 23-26.

[69] 魏博文. 设置诱导缝对混凝土拱坝应力及裂缝的影响研究[D]. 南昌: 南昌大学, 2008.

[70] Dobry R, Ladd S R, Yokel F Y, Chung R M, Powell D. Prediction of Pore Water Pressure Build-up and Liquefaction of Sands During Earthquakes by the Cyclic Strain Methods. Building Science Series 138, National Bureau of Standards, U S Department of Commerce, U S Government Printing Office. Washington, D C, 1982.

[71] 黄慧莉, 刘永根, 魏博文. 设有诱导缝碾压混凝土拱坝运行期应力分析[J]. 江淮水利科技, 2009, (5): 43-44, 46.

[72] 陈刚, 江启升, 张林, 等. 碾压混凝土高拱坝分缝形式研究[J]. 四川大学学报: 工程科学版, 2000, 32(6): 15-18.

[73] 陈秋华, 丁予通. 沙牌碾压混凝土拱坝结构分缝设计研究[J]. 水电站设计, 2002, 18(1): 21-25.